Helmut
Kühnemann

Schafe

58 Farbfotos
20 Zeichnungen

Ulmer

RATGEBER NUTZTIERE

Inhalt

Nutztiere halten

Die Haltung von Schafen dient von jeher vorrangig dem Erwerb. Heutzutage steigt aber der Kreis derer, die Nutztiere mehr aus Freude an den Tieren und am ländlichen Leben halten und die darüber hinaus deren Produkte für den Eigenbedarf gerne verarbeiten.

Tiere werden immer auch aus nützlichen Erwägungen gehalten. So gesehen lassen sich durchaus alle zum Haushalt gehörenden Tiere wie Hamster oder Meerschweinchen, Katze und Hund als Nutztiere bezeichnen. In der Landwirtschaft findet man die Tiere, die im engeren Sinn als die eigentlichen Nutztiere gelten, da sie vielfältige Produkte liefern, zum Beispiel Kühe und Schweine, Hühner, Schafe oder Ziegen.

Schafe erfüllen die ganze Vielfalt eines Nutztieres auch für eine Liebhaberhaltung: Sie können – vor allem die Milchschafe – bei entsprechender Pflege sehr zutraulich werden. Zudem verwandelt ihr Fressverhalten, anders als das der wählerischen Ziegen, die Wiesen in ebenmäßigen Rasen und erspart dem Halter so das Mähen. An Produkten lassen sich hochwertiges Lammfleisch, Schafmilch und -käse sowie Wolle nutzen.

Gelegentlich werden die Tiere auch zur Landschaftspflege eingesetzt. So träumt der private Nutztierhalter womöglich davon, ein Gehöft mit nahe liegender Weide erwerben zu können, in der Nähe seines Wohnortes in ein Landschaftspflege-Programm aufgenommen zu werden oder eine Weide mit Unterstandsmöglichkeit zu pachten, um als Aussteiger oder zum Ausgleich eines stressigen Berufsalltags mit Spaß und Hingabe Schafe zu pflegen.

Für viele Menschen ist die Haltung von Tieren ein befriedigender Ausgleich zum Beruf.

Interesse und Verantwortung

Für die Verwirklichung dieser Wünsche genügt aber nicht nur das Interesse an einer Nutztierhaltung und die Neigung, sich mit dieser Art Haustieren anzufreunden. Vielfältig sind die Gesichtspunkte, die mit dem Unternehmen Nutztierhaltung verbunden sind.

Was ist also vor der Anschaffung zu bedenken?

- ➔ Die Voraussetzungen für eine natur- und artgemäße Haltung;
- ➔ die Eigenart der Tiere, ihre Lebensart und ihre Bedürfnisse;
- ➔ die Ansprüche an Futter, Unterbringung und Pflege;
- ➔ das Nachdenken über mögliche finanzielle Belastungen;
- ➔ das Bewusstsein, nach der Anschaffung eine ständige Verantwortung und Verpflichtung gegenüber den Tieren zu haben.

Vor dem Kauf: Schauen Sie sich ein oder zwei unterschiedliche Haltungen an, bevor Sie sich für die eigene Schafhaltung entscheiden. Über den zuständigen Schafzuchtverband erhalten Sie Adressen von Musterbetrieben und erfahrenen Schafhaltern. Hier bekommen Sie auch Tipps und Hilfestellungen für den Kauf.

Nutztiere sind keine Kuscheltiere

Nutztiere unterscheiden sich von Heimtieren nicht nur dadurch, dass man zum Beispiel mit einem Schaf nicht auf dem Sofa kuscheln kann wie mit Hund und Katze. Obwohl auch Schafe sich gerne streicheln und kraulen lassen, ist eine Distanz immer zu spüren. Doch dieser Abstand lässt eher den angemessenen Respekt und die Achtung vor den Geschöpfen der Natur bewusst werden. Daraus erwächst auch die Verantwortung, die der Mensch für die in seine Obhut genommenen Tiere zu tragen hat.

Naturverbundenheit. Tiere, die zu unserem (materiellen) Nutzen domestiziert wurden, sind immer noch durch ihre ursprüngliche Lebensweise geprägt. Da sie fast ihr ganzes Dasein auf der Weide zubringen, von der sie leben, sind sie weit mehr mit der Natur und ihren Zyklen verbunden als es Heimtiere je sein könnten. Das müssen wir respektieren und in einer art- und naturgerechten Haltungsweise berücksichtigen. Zugleich können wir es auch als Chance begreifen, durch das Zusammenleben mit den Tieren der Natur wieder näherzukommen und uns mit ihr zu verbinden.

Hege und Pflege. Das Leben in freier Natur bedingt andere Haltungsweisen als die, die für den Familienhund und die Hauskatze richtig sind.

Der liebevolle Umgang mit Tieren kann gar nicht früh genug gepflegt werden. Auch das Zusammensein mit Schafen fördert Zuneigung und Einfühlungsvermögen. Das junge Kamerun Schaf hat keine Scheu, sich dem Kind anzuvertrauen.

Während wir diese mit relativ geringen Mitteln an Zeit und Kosten in den Haushalt integrieren, müssen wir für unsere Nutztiere außer Haus besondere Einrichtungen schaffen und wesentlich mehr Zeit für die Unterhaltung aufbringen.

Was ist alles einzuplanen?

- ➔ Eine kostenintensivere Unterkunft,
- ➔ eine zeitaufwendigere Unterhaltung,
- ➔ zeitbedingte Verrichtungen wie zum Beispiel Melken,
- ➔ eine völlig andere, arbeitsintensive Fütterungsgrundlage.

Rechtliches

Auch die private Nutztierhaltung wird beschränkt durch verschiedene rechtliche Vorschriften. Sie müssen bei den Haltungsbedingungen unbedingt beachtet und eingehalten werden, denn schon manches Vorhaben konnte wegen fehlender rechtlicher Absicherung nicht realisiert werden.

Im Folgenden werden nur die Bestimmungen aufgelistet, die sich direkt auf die Nutztierhaltung beziehen. Sie betreffen vor allem das Bauwesen, aber auch den Schutz des Tieres und der Landschaft. Weitere Fragen zur genauen Rechtslage klären Sie am besten mit den jeweils nächsten zuständigen Behörden (in Klammern gesetzt) ab.

Baugesetzbuch und Baunutzungsverordnung (Ortsbauamt). Ein landwirtschaftliches Bauvorhaben ist „ innerhalb der im Zusammenhang bebauten Ortsteile" zulässig, soweit es in einem ausgewiesenen „Dorfgebiet" liegt und das Ortsbild nicht beeinträchtigt. Falls das Bauvorhaben im „Außenbereich" (also außerhalb des Ortes) erstellt werden soll, ist es zulässig, soweit öffentliche Belange (zum Beispiel Naturschutz und Landschaftsschutz) „nicht entgegenstehen", es die „natürliche Eigen-

Bevor Sie Ihren Tieren diese Idylle bieten können, gibt es einige rechtliche Dinge zu klären.

schaft der Landschaft" nicht beeinträchtigt oder das Landschaftsbild nicht verunstaltet.

„Landwirtschaft im Sinne des Gesetzbuches ist der Ackerbau und die Wiesen- und Weidewirtschaft", allerdings wird vorausgesetzt, dass der Betrieb von einem Vollerwerbslandwirt geführt wird. Inwieweit die Bestimmungen auch auf Nebenerwerbslandwirte anzuwenden sind und inwieweit Liebhaberhalter zu den Nebenerwerbslandwirten gezählt werden können, sollten Sie vor allem bei Bauvorhaben im Außenbereich mit der zuständigen Baurechtsbehörde abklären. Gerade der Außenbereich bildet eine besonders heikle Zone, zu dem unter anderem auch Zäune gehören.

Landesbauordnungen und Nachbarrechte (Ortsbauamt) werden von den Ländern erlassen beziehungsweise festgesetzt.

Einhellig bestimmen die Bauordnungen aller Länder, dass die Errichtung und der Abbruch baulicher Anlagen einer Baugenehmigung bedürfen. Unterschiedlich sind die Bestimmungen über verfahrensfreie Anlagen und Einrichtungen. In Baden-Württemberg können beispielsweise im Außenbereich Gebäude ohne Aufenthaltsräume (wie zum Beispiel Unterstände) bis 20 m^3 sowie Einfriedungen, die einem landwirtschaftlichen Betrieb (siehe oben) dienen, ohne Genehmigung erstellt werden. Dies natürlich nur, soweit sie nicht den Vorschriften des Baugesetzbuches entgegenstehen.

Das Nachbarrecht von Baden-Württemberg schreibt vor, dass Anlagen wie Futtersilos, Düngerstätten, Jauchegruben und Ställe sich nur in sol-

cher Entfernung von der Grundstücksgrenze befinden dürfen, dass sie den Nachbarn nicht stören oder schädigen.
Tierschutzgesetz (Kreistierarzt)**:** Zweck dieses Gesetzes ist es, aus der Verantwortung des Menschen für das Tier als Mitgeschöpf dessen Leben und Wohlbefinden zu schützen. Da heißt es zum Beispiel: „Wer ein Tier hält, muss das Tier seiner Art und seinen Bedürfnissen entsprechend angemessen ernähren, pflegen und verhaltensgerecht unterbringen" und „darf die Möglichkeit des Tieres zu artgemäßer Bewegung nicht so einschränken, dass ihm Schmerzen oder vermeidbare Leiden oder Schäden zugefügt werden." Und weiter heißt es: „Ein warmblütiges Tier darf nur geschlachtet werden, wenn es vor Beginn des Blutentzugs betäubt worden ist."
Bundesnaturschutzgesetz (Landratsamt: Untere Naturschutzbehörde). Nach diesem Gesetz sind Natur und Landschaft so zu schützen, zu pflegen, zu entwickeln und wiederherzustellen, dass die Pflanzen- und Tierwelt sowie die Vielfalt, Eigenart und Schönheit der Landschaft nachhaltig gesichert sind. Dieser Schutz umfasst die natürliche Artenvielfalt von Flora und Fauna sowie den Erhalt von Kulturlandschaften, Kulturlandschaftsteilen und Biotopen. Die Einhaltung und Umsetzung der Ziele des Gesetzes obliegen der Land- und Forstwirtschaft.

Eigenheiten und Bedürfnisse

Neben der Freude an hausgemachten Produkten, die womöglich Ihr Interesse an einer Schafhaltung zunächst geweckt haben, verdient es das Schaf aber auch, wegen seiner zutraulichen Wesensart geschätzt zu werden. Das Kennenlernen ihrer Verhaltensweisen und ihrer Bedürfnisse sowie das Einstimmen auf sie erleichtern den Umgang mit den Tieren. Die Rassenvielfalt mit ihren verschiedenen Eigenheiten erlaubt es Ihnen, diejenigen auszuwählen, die Ihren Neigungen und Ansprüchen am besten entsprechen.

Wesensart

Schafe sind ausgesprochene Herdentiere. Die friedvoll grasende Schafherde mit dem (guten) Hirten ist zu allen Zeiten ein Sinnbild für die dem Menschen anvertraute Kreatur gewesen. Ihm obliegt es, sie zu behüten und in seine schützende Obhut zu nehmen. Bei Gefahr suchen sie sich in der Gemeinschaft der Herde zu bergen, weil sie – wie kaum ein anderes Tier – weder mit wehrhaften Eigenschaften noch mit solchen, die ihnen eine sichere Flucht, ein schützendes Verbergen oder eine Täuschung ermöglichen, ausgestattet sind. Die starke Herdenbindung und das Zusammenscharen bei einem drohenden Angriff macht es einfach, Schafe mit

So kennt man sie – als duldsame und friedfertige Tiere. Ein Bock kann aber durchaus auch bösartig werden, wenn man zuviel Zutraulichkeit pflegt und er sich dadurch belästigt fühlt. Auch während der Brunstzeit der Schafe ist besondere Vorsicht geboten, da die Tiere ihre Betreuer dann oft als Konkurrenten sehen.

Die Nutztierhaltung stellt einige Anforderungen an den Halter, die Sie vor der Anschaffung bedenken sollten:

→ Wieviel Zeit und Mühe können und wollen Sie für die Tierhaltung aufbringen? Eine gewissenhafte Tierhaltung erfordert viel Zeit, Mühe und Geld. ❑

→ Wie groß sind die zur Verfügung stehenden Weideflächen? Beachten Sie die Besatzstärke: Die Zahl der Tiere, einschließlich der Lämmer, muss in einem zuträglichen Verhältnis zur Weide und deren Qualität sowie zur Heubereitung stehen. ❑

→ Steht Ihnen eine wetterfeste und geräumige Unterkunft zur Verfügung? Auch winterharte Rassen, vornehmlich deren Lämmer, müssen sich in einem wetterbeständigen Unterstand auf der Weide vor nasskalter Witterung schützen können. ❑

→ Wollen Sie züchten? Wo steht der rassetypische Bock, und wie bringen Sie die Tiere zueinander, wenn die Standorte seltener Rassen weit auseinanderliegen? Gibt es die Möglichkeit zur Besamung? Ohne Bock beziehungsweise Samen gibt es weder Lämmer noch Milch. Aber selbst wenn ein Bock zur eigenen Haltung gehört, können eines Tages Inzuchtprobleme auftreten. ❑

→ Haben Sie eine zuverlässige und sachkundige Vertretung für Urlaub und Krankheitsfall? Nur gut versorgt können Sie Ihre Tiere über längere Zeit guten Gewissens verlassen. ❑

→ Können Sie sich finanziell auf eine Liebhaberhaltung einrichten? Abgesehen von gelegentlichen Lammverkäufen (wenn die eigene Tiefkühltruhe voll ist) und eventuell Käse, gibt es nichts zu verdienen. Die Unkosten überwiegen also. ❑

→ Was passiert später mit dem Tier? Können Sie den Abschied, das Schlachten Ihres liebgewordenen Tieres, das womöglich von der ganzen Familie verhätschelt oder mit der Flasche aufgezogen wurde, verkraften? ❑

→ Gibt es in Ihrer Nähe einen Metzger für die Hausschlachtung? Sie sollten Ihren Tieren den Stress eines längeren Transports zum nächsten Schlachthof und dessen traurige Verhältnisse ersparen. ❑

Hunden zu überwachen und zu lenken. Ein „verlorenes Schaf" ist nicht fähig, allein zu überleben. Wird es von der Herde abgesprengt, findet es im Gegensatz zu den selbstständigen Ziegen nicht mehr zurück und geht zugrunde.

Das Leben in der Gemeinschaft der Herde prägt die Wesenszüge des einzelnen Schafes. Man kann Schafe als duldsam, friedfertig, sanftmütig, fügsam und leidensfähig bezeichnen. Meist verhalten sie sich ruhig und ihre Bewegungen verlaufen geordnet. Bei Gefahr lässt sie ihr Herdentrieb aber auch blindlings dem Leittier hinterherrennen.

Eine Suffolk-Herde wird gehütet. Hütungen sind sinnvoll, wenn ungenutzte Flächen weiträumiger Landschaften vor dem Verwildern bewahrt werden sollen. Dafür sind größere Herden notwendig.

Umgang und Haltung

Schafe werden sehr zutraulich, wenn Sie ruhig mit den Tieren sprechen, sich ihnen auf der Weide nähern oder den Stall betreten. Mit Leckerbissen locken Sie die Tiere, die schnell ihre natürliche Scheu verlieren. Sie kommen auf Rufen herbei, besonders eilig, wenn man den Kraftfuttereimer oder ein Stück Brot in der Hand hält. Allerdings gibt es vereinzelt mit zunehmendem Alter „böse" Böcke, die man eher bei den lebhafteren Ziegen vermuten würde. Mit Hütestab und Hund lässt sich die Angriffslust aber gut abwehren. Der Umgang mit Kindern sollte aber nur unter Aufsicht geschehen, damit es nicht zu Unfällen kommt.

Da Schafe ausgesprochene Herdentiere sind, sollten sie – mit Ausnahme von Milchschafen – nicht als Einzeltiere gehalten werden. Zumindest müssten ihnen dann noch weitere Tiere wie Pferde, Esel oder Ziegen Gesellschaft leisten. Ein halbes Dutzend sollte es schon sein, damit sich die Tiere wohl fühlen. Die Landschaftspflege lässt sich ohnehin nur mit einer größeren Anzahl, ab etwa 15 Muttertieren, sinnvoll betreiben.

Welche Rasse ist die geeignetste?

Sind die Voraussetzungen für einen erfolgreichen Start gegeben, bleibt abschließend nur noch zu klären, welche Rasse sich für die vorgesehene Haltung am besten eignet. Beabsichtigen Sie, Schafe als Nutztiere zu halten, die Fleisch, Wolle oder Milch für die Käsezubereitung liefern, oder überwiegt bei Ihnen der Wunsch, besondere Rassen zu züchten und ihre Verbreitung zu fördern?

Schafe lassen sich in Fleischlieferanten, Milchschafe und Landschafe einteilen. Es gibt aber auch sogenannte Mehrnutzungstypen oder Vielzweckschafe. Rassen, die ausschließlich wegen ihrer Wolle gehalten werden, gibt es heute nicht mehr. Auch die Merinoschläge (Land-, Langwoll- und Fleischschaf) mit ihrer hochwertigen Wolle werden mittlerweile vor allem zu Fleischzwecken gehalten. Dies schließt aber natürlich nicht aus, dass auch das Vlies dieser „Zweinutzungsschafe" weiterhin verwertet wird.

Ein Überblick über die letzten Erhebungen im Jahr 1994 zeigt das Missverhältnis und den Trend bei Fleischschafen und den übrigen Rassen. Allein die Merino Landschafe machen fast die Hälfte des gesamten Fleischschafbestandes aus.

Anteil der Rassen am Gesamtschafbestand 1994

Rassen	Anzahl	%	Hauptrassen	%
Fleischschafe	1 828 738	78,3	Merino Landschaf	48,3
			Schwarzkopf	16,9
Landschafe	116 953	5,0	Heidschnucken	2,1
Milchschafe	93 907	4,0		
Kreuzungen	296 530	12,7		
Insgesamt	2 336 128	100,0		

Fleischschafe. Früher wurden die Schafe auf unfruchtbarem Ödland, so genannten „geschenkten" Flächen mit „absolutem Schaffutter" gehalten. Die Wolle dieser mageren Tieren war von besonders feiner Qualität und fast zehnmahl teurer als ihr Fleisch. Mit dem Aufkommen billiger Kunstfasertextilien fiel der Marktwert der Wolle jedoch rapide ab. Als Folge davon wurden Schafe auf Fleischertrag gezüchtet, um die Schafhaltung

Fleisch-, Milch- oder Landschaf? Bevor man sich für eine Rasse entscheidet ...

wieder rentabel zu machen. Heute streben ökonomische Zuchtziele pflegeleichte Hochleistungsschafe mit hoher Fruchtbarkeit an, deren (Mast)Lämmer möglichst viel Fleisch ansetzen. So haben sich wenige hochgezüchtete „veredelte Kulturrassen" mit sehr guten Schlachtkörperqualitäten entwickelt, allen voran das Merino Landschaf, gefolgt vom Schwarzköpfigen Fleischschaf.

Auf kargem Ödland können diese Ziele natürlich nicht erreicht werden. Fleischrassen sind anspruchsvoll und verlangen satte Weiden, um ihre Anlagen voll entfalten zu können. Die relativ schweren Tiere sind wegen ihres eher trägen Charakters auch leicht in der Koppel zu halten, wenn sie nicht in Herden gehütet werden.

... sollte man sich über die eigenen Absichten im Klaren sein.

Landschafe. Die alten Landschläge, die auf jahrhundertealte Bodenständigkeit zurückgehen, haben allgemein eine robuste Natur, sind genügsam und passen sich auch ungünstigen Klima-, Haltungs- und Futterverhältnissen gut an. Zwar setzen sie nicht soviel Fleisch an wie ihre hochgezüchteten Artgenossen, das Fleisch einiger Rassen ist dafür aber von wildbretartigem Wohlgeschmack und wird von Kennern sehr geschätzt.

Wie die Statistik zeigt, sind Landschafrassen selten geworden. Die 5 % des Gesamtschafbestandes verteilen sich zudem noch auf eine große Zahl einzelner Rassen. Fast ausnahmslos zählen sie zu den gefährdeten Rassen, die aber durchaus erhalten und wieder stärker verbreitet werden

Übersicht über die Rassen und ihre Verwendung										
Rasse	FR	LR	MR	F	LP	GR	Gewicht (kg)	Schurgewicht (kg)	asaisonal	Portrait s. Seite
Blauköpfiges Fleischschaf	x						85	5		18
Coburger Fuchsschaf		x			x	x	60	5		18
Graue Gehörnte Heidschnucke		x		x	x		50	3		19
Kärntner Brillenschaf		x			x	x	60	5		19
Merino Landschaf	x				x		85	5	x	42
Ostfriesisches Milchschaf			x				90	5		42
Pommersches Landschaf		x			x	x	55	4		43
Rhönschaf		x		x	x	x	65	4	x	43
Schwarzköpfiges Fleischschaf	x						75	5		58
Scottish Blackface				x	x		55	4		58
Shropshire	x						70	5		59
Skudde		x		x	x	x	45	2	x	59
Soay-Schaf					x		25	0		70
Suffolk	x						80	4		70
Texelschaf	x						80	5		71
Tiroler Steinschaf		x		x	x	x	80	4	x	80
Weiße Gehörnte Heidschnucke		x		x	x	x	50	2		80
Weiße Hornlose Heidschnucke (Moorschnucke)		x		x	x	x	45	2		81
Weißes Bergschaf		x			x		75	6	x	81

FR Fleischrasse
LR Landschafrasse
MR Milchrasse
F delikates Fleisch
LP Landschaftspflege
GR Gefährdete Rasse

sollten. Sie besitzen einige Vorzüge gegenüber anderen Rassen. Allen Landschafrassen gemeinsam ist ihre Genügsamkeit und ihre große Widerstandsfähigkeit gegenüber schlechter Witterung. Durch die Beweidung erhalten sie Landschaften, an deren Eigenarten sie hervorragend angepasst sind, in ihrer Struktur und prägen diese durch ihre Anwesenheit. Auch auf ihren Beitrag zur Landschaftspflege kann und will man in vielen Gegenden nicht verzichten.

Durch Verbiss schützen sie Almen, Heiden und Moore vor Verbuschung. Alle Arten von Bergschafen, dessen lange Schlichthaare sie vor den hohen

Niederschlägen im Gebirge schützen, eignen sich wegen ihrer Steige- und Trittfestigkeit sowie aufgrund ihrer Schwindelfreiheit für die Haltung bis in Höhen von 2600 Metern. Heidschnucken sind vornehmlich in Niedersachsen zu Hause. Sie sind gut an Boden und Pflanzenwelt der Heide angepasst, die sie durch Verbiss verjüngen und ebenfalls vor Verbuschung schützen. Moorschnucken können auf weichen Moorböden bestens leben und die besondere, dürftige Vegetation nutzen.

Diese Rassen können durch andere nicht ersetzt werden. Andererseits ist es aber durchaus möglich, dass sie von Rasseliebhabern in anderen Verhältnissen gehalten werden können.

Milchschafe. Zu den unbestrittenen Vorzügen des ostfriesischen Milchschafes gehören Widerstandsfähigkeit, Frühreife, eine hohe Fruchtbarkeit und Frohwüchsigkeit. Neben einer guten Milchleistung, die im Jahresmittel etwa 600 Liter (Spitzenleistungen bis zu 1400 Liter) beträgt, liefert es – wenn es optimal gehalten wird – auch einen hohen Fleischertrag. Wegen seiner Abstammung vom Marschschaf, das fette Weiden und ein gemäßigtes Klima liebt, wird es sich jedoch nur schwer an Hitze, Trockenheit und dürftige Weideverhältnisse gewöhnen können.

Schafe sind Herdentiere. Damit sie sich richtig wohl fühlen, sollten sie daher immer in Gesellschaft gehalten werden – mit ihresgleichen oder auch mit anderen Tieren.

Das Milchschaf ist außerordentlich anhänglich. Es folgt auf Zuruf und kann sogar als Einzeltier gehalten werden. Allerdings sollte es dann wegen seiner hohen Ansprüche an die Betreuung direkten Familienanschluss finden. Das „Vielzweckschaf" erfüllt alle Voraussetzungen einer privaten Nutztierhaltung. Es ist mühelos zu halten. Unter Umständen genügt ein Schuppen, der frei zugänglich ist, so dass die Tiere an heißen Tagen drinnen bleiben und in der Nacht draußen fressen können.

Es spendet fettreiche Milch für delikaten Käse und reichlich Fleisch, da es in der Regel mit Mehrlingen ablammt. Die Wolle eignet sich gut zur Eigenverarbeitung. Ebenso lassen sich die Felle weiterverarbeiten.

Blauköpfiges Fleischschaf

Der Kopf und die Beine dieses relativ großen Schafes sind schiefer- bis taubenblau gefärbt. Der breite, flache und hornlose Kopf mit schmalem Maulteil ist bis hinter die blauen hoch angesetzten, aufrecht stehenden und schmalen Ohren unbewollt. Der Rumpf ist lang, breit und tief.

Das widerstandsfähige Fleischschaf ist auch unter ungünstigen klimatischen Verhältnissen für die Koppelhaltung geeignet. Es zeichnet sich durch eine sehr gute Milch- und Säugeleistung, gute Muttereigenschaften, hohe Zunahmen und ausgezeichnete Schlachtkörperqualität mit hoher Schlachtausbeute aus. Das Ablammergebnis beträgt 150-200 %.

In Deutschland wird das von der französischen Rasse „Bleu du Maine" abstammende Schaf seit 1978 gezüchtet. Vornehmlich wird es in den Verbänden Westfalen, Niedersachsen und Weser/Ems gehalten.

	♂	♀
Widerristhöhe (cm)	85–90	80–85
Gewicht (kg)	110–130	80–90

Coburger Fuchsschaf

Das Vlies der „Goldfüchse" hat einen auffallenden fuchsroten Schimmer. Der schmale Kopf, der bis hinter die breiten, leicht hängenden Ohren unbewollt ist, und die Beine sind rotbraun. Die Lämmer werden einheitlich rotbraun geboren und behalten diese Farbe bis zu zwölf Monaten. Dann wechseln sie über hellbraun ins rötliche Weiß. Die Tiere sind hornlos.

Das genügsame und widerstandsfähige Schaf ist gut an die rauen Mittelgebirgslagen angepasst. Es ist sowohl für die Koppelhaltung als auch für die Landschaftspflege geeignet. Das Ablammergebnis beträgt etwa 140 %.

Die Rasse geht auf jahrhundertealte Landschafrassen mit Fuchsfärbung zurück. Durch Verdrängungskreuzungen wäre sie fast verschwunden. In den 30er Jahren wurde sie wieder aufgebaut und 1966 als Rasse anerkannt.

	♂	♀
Widerristhöhe (cm)	75–80	60–70
Gewicht (kg)	80–90	55–65

▲

Graue Gehörnte Heidschnucke

Die mittelgroße Rasse ist gehörnt. Die Böcke haben schneckenförmig gedrehte, die weiblichen Tiere sichelförmig nach hinten gebogene Hörner. Kopf und Beine der feingliedrigen Tiere sind schwarz und unbewollt, das Vlies ist silbergrau bis dunkelgrau mit schwarzem Brustlatz. Die kleinen Ohren stehen schräg aufwärts. Die Lämmer werden schwarz geboren, die rassetypische Farbe erscheint erst nach der ersten Schur.

Die widerstandfähige und anspruchslose Rasse erhält durch den Verbiss von Heidekraut und Nadelbaumanflug den typischen Charakter der Lüneburger Heide. Das Fleisch ist wegen seines wildähnlichen Geschmacks und seiner Zartheit eine Delikatesse.

Die jahrhundertealte Rasse ist in ihrer Eigenart ohne Einkreuzungen erhalten geblieben. Lediglich das Gewicht und die Größe der ehemals kleinsten deutschen Rasse wurde durch Selektion angehoben.

	♂	♀
Widerristhöhe (cm)	67	60
Gewicht (kg)	60–70	45–50

Kärntner Brillenschaf

Das mittelgroße Schaf hat einen langen Kopf mit stark gewölbtem schmalen Nasenrücken, lange fleischige Hängeohren und schwarze Abzeichen in Augennähe und an den Ohrenspitzen. Die Wolle ist weiß und beginnt erst hinter den Ohren. Die Tiere sind hornlos.

Die schlichte Wolle schützt das Vlies gut vor Regen, so dass sich die robusten und anspruchslosen Tiere bestens für Berglandschaften mit einer hohen jährlichen Niederschlagsmenge eignen.

Das Ursprungsgebiet liegt in Kärnten. Das Zuchtgebiet erstreckte sich über weite Teile Österreichs, der oberbayerischen Alpen und des bayerischen Voralpengebietes. Heute dagegen ist das Kärntner Brillenschaf nur noch in kleinen Zuchtbeständen vorhanden und zählt daher zu den gefährdeten Rassen.

	♂	♀
Widerristhöhe (cm)	75–80	70–75
Gewicht (kg)	75–80	55–66

▼

Unterbringung

Schafe brauchen als Lebensraum eine weitläufige Weide, in der sie ihre Nahrung finden und ihren Bewegungsdrang ausleben können. Die Weidehaltung ist folglich die einzig mögliche Art der Unterbringung, die in artgerechter Weise dem Wesen der Tiere entspricht.

Der Stallaufenthalt bietet in rauen Lagen über den Winter den notwendigen Schutz für eine weniger widerstandfähige Rasse. Aber auch im Sommer ist zumindest ein Unterstand auf der Weide eine wünschenswerte Einrichtung, um die Tiere vor Nässe und Hitze zu schützen.

Weidehaltung

Gute Weideverhältnisse sind die unabdingbaren Voraussetzungen für eine artgemäße und gesunde Haltung. Der tägliche Weidegang, bei dem das Futter je nach Verlangen und Sättigungsgrad aufgenommen wird, kommt dem gesamten Stoffwechsel zugute, unterstützt die Verdauungsbewegungen, gewährleistet ein unbeschwertes Ablammen und fördert die Knochenbildung, die durch die Einwirkung des ultravioletten Lichtes günstig beinflusst wird.

Weidezustand

Das Schaf kann auch noch minderes Futter hervorragend verwerten. Wenn jedoch nicht gleichzeitig mit den begrenzt aufnehmbaren Futtermengen (bis 10 kg Gras je Tier und Tag) auch der Nährstoffbedarf

In vielen Gegenden werden Schafe eingesetzt, um das Landschaftsbild zu erhalten.

Was ist für die Qualität der Weide wichtig und vor ihrer Nutzung alles zu beachten?

- → Die Beschaffenheit,
- → die Anzahl der Tiere,
- → die Pflegemaßnahmen,
- → die Nährstoffversorgung,
- → verschiedene Weideführungen,
- → die Einrichtungen für die Koppel.

gedeckt werden kann, bleiben die Leistungen weit hinter den Erwartungen zurück. Insbesondere, wenn es sich um die Leistungen der Milchschafe und die auf einen hohen Ertrag gezüchteten Fleischschafe handelt. Wer auf einen bestimmten Ertrag besonderen Wert legt, muss seine Tiere auf einer fruchtbaren Weide mit einer reichen Kräuterauswahl grasen lassen.

Wem aber nur eine karge Wiese auf magerem Boden zur Verfügung steht, der braucht deshalb nicht gleich den Gedanken an eine Tierhaltung aufzugeben. Es gibt einige genügsame und robuste Landrassen, die auch bei dürftiger Weide – wenn sie nur groß genug ist – noch einigermaßen befriedigende Leistungen erbringen. Sie sind wegen ihres interessanten Habitus und der pflegeleichteren und anspruchsloseren Haltung ohnehin geeigneter für eine Liebhaberhaltung.

Besatzstärke. Auf fetten Wiesen können verhältnismäßig mehr Tiere satt werden als auf kargen Weiden mit spärlichem Aufwuchs oder mit kurzer Vegetationszeit in höheren Lagen. Die Besatzstärke, das heißt die Zahl der Muttertiere, die jeweils mit ihren Lämmern auf einem Hektar Weidefläche - einschließlich der Heugewinnung - gehalten werden können, ist also je nach Futteraufkommen verschieden.

Eine Weide mittlerer Qualität ernährt je Hektar etwa sieben Schafe. Bei kleiner Besatzstärke auf schlechten Weiden muss die Mindestfläche entsprechend größer sein. Zeigt es sich mit zunehmender Erfahrung, dass der Weideertrag falsch eingeschätzt wurde, muss die Besatzstärke entsprechend geändert werden.

Wieviele Tiere auf einer Weide gehalten werden können, hängt von deren Zustand ab. Aber auch die Rasse und das Haltungsziel spielen dabei eine Rolle.

Die fruchtbaren Milchschafe sind Einzeltiere. Mit ihren schwarzen Lämmern, die von einem schwarzbraunen Bock stammen, bilden sie einen engen "Familienverband", der sozusagen die Geselligkeit in der Herde ersetzt.

Die Fläche, die ein Tier braucht, um seinen Grundnahrungsbedarf rund um das Jahr decken zu können, hängt ab von
- → der Fruchtbarkeit des Bodens und der Pflegeintensität,
- → dem Klima und der Vegetationsdauer,
- → dem Artenreichtum und der Qualität der Nahrungspflanzen,
- → der Art der Beweidung und dem Nahrungsbedarf der Tiere.

Darüber hinaus muss die Fläche berücksichtigt werden, die zur Heugewinnung benötigt wird.

Weidepflege

Um die Weiden über Jahre ertragreich und fruchtbar zu erhalten, bedarf es intensiver Pflege und angemessener Düngung. Ein guter Weidezustand kann sowohl durch die Nutzung der Tiere, durch sinnvolle Weideführungen, die eine Unter- oder Überbeweidung vermeiden, durch geeignete Kulturmaßnahmen als auch durch eine ausreichende Versorgung mit organischen Düngern, vorrangig mit Kompost erreicht werden.
„Trippelwalze". Im März, wenn das Gras zu sprießen beginnt und sonnige Vorfrühlingstage einen ersten Weidegang zulassen, wird mit der Pflege begonnen. Durch den kleinhufigen, kantigen Tritt der Tiere wird der aufgefrorene Boden besser gefestigt als durch die Bearbeitung mit der Walze. Mauselöcher und Wühlmausgänge werden zugetreten. Durch den Verbiss der ersten frischen Triebe frühschossender Pflanzenarten wird ein späterer dichter Bestand mit hohem Untergrasanteil gefördert.

Allerdings sollte diese Frühjahrs-Vorbeweidung mit Bedacht geschehen. Sie darf nicht zu lange dauern und muss unterbleiben, wenn der

Boden noch zu nass ist. Am besten lassen Sie die Tiere zunächst nur stundenweise in angemessenen Zeitabständen grasen.

Kulturmaßnahmen. Fehlt es sichtlich an wertvollen Kräutern, können Sie im Frühjahr oder Herbst Samen entsprechender Mischungen mit einem guten Kleeanteil in weitgehend abgeweidete Parzellen einstreuen. Durch eine letztmalige kurze Beweidung lässt man das Saatgut eintreten. Ist ein arbeitsaufwendiger Umbruch jedoch nicht mehr zu umgehen, sollten Sie sich Weidepflanzen für Neueinsaaten von einschlägigen Samenhandlungen in der für die Fläche erforderlichen Menge zusammenstellen lassen, die für die jeweilige Lage und die gegebenen Bodenverhältnisse geeignet sind.

Wird die Weide nicht entsprechend gepflegt, können sich unerwünschte Gräser und Kräuter wie Sauerampfer oder Brennesseln ausbreiten. Gepflegt werden sollten die Weiden sowohl im März vor der Beweidung als auch im Herbst nach der Weidesaison.

Vor der Beweidung muss sich der neue Aufwuchs erst festigen. Sollten Sie vorher mit der Tierhaltung beginnen wollen, können Sie auch mit Teilflächen im Jahreswechsel schrittweise vorgehen. Auf angemessenen Teilflächen können Sie auch Klee und Luzerne anbauen, um Raufutter minderer Qualität mit eiweißhaltigem Futter aufzuwerten. Auf leichten Böden gedeiht Serradella, eine gute Futterpflanze mit hohem Nährstoffgehalt, die wegen ihrer Schmackhaftigkeit besonders gerne gefressen wird. Bei reichlichem Genuss verursacht sie ein weniger starkes Aufblähen als andere Kleearten. Außerdem kann sie in milden Wintern als frisches Grün verfüttert werden, da sie bis zu -8 °C Frost verträgt.

Pflegemaßnahmen. Neben der normalen Heugewinnung ist es empfehlenswert, zumindest im wuchsintensiven Frühjahr die abgeweideten Flächen nachzumähen. Bei der großzügigen Bereitstellung der Futterfläche bleibt so manches Kraut, das nicht so gerne gefressen wird, stehen. Um zu vermeiden, dass es sich durch Samen ausbreitet, sollte es vor der Blüte gemäht werden. Ein Reinigungsschnitt begünstigt auch das Nachwachsen des Grases.

Nährstoffversorgung von Weiden

Unter Düngen versteht man, die Lebensvorgänge im Boden anzuregen, den natürlichen Kreislauf vom Abbau organischer Substanzen zum Aufbau pflanzenverfügbarer Nährstoffe zu fördern, den Humus zu mehren und Stoffe auszubringen, die in natürlichen Kreisläufen entstanden sind und sich in die Lebensprozesse Boden-Pflanze unbedenklich integrieren lassen.

Stickstoffversorgung. Nach den Empfehlungen der Fleischproduzenten müssen Sie 200 bis 400 kg Reinstickstoff pro Hektar und Jahr ausbringen. Geringere Stickstoffmengen lassen den Leguminosenanteil zurückgehen. Bei höheren Gaben schwindet zunehmend die Artenvielfalt. Die Weide wird ärmer an Futterkräutern mit wertvollen Heilwirkungen und feinen Gräsern. Die Widerstandskraft der Tiere kann darunter leiden.

Der Bedarf an Stickstoff, des ausschlaggebenden Nährstoffbestandteiles für die Weide, kann aber auch durch „Selbstversorgung" gedeckt werden. Besondere, in guten Humusverhältnissen beheimatete Bakterienarten und vor allem die mit den Leguminosen in Symbiose lebenden Knöllchenbakterien sind in der Lage, den Stickstoff der Luft zu binden und ihn für das Pflanzenwachstum nutzbar zu machen. Ein guter Kleebesatz kann somit die Weide weitgehend mit natürlich gebundenem Stickstoff versorgen.

Nährstoffgehalte von Stallmist (%)

	Schaf	Rind	Pferd
Stickstoff	0,85	0,40	0,58
Phosphor	0,25	0,20	0,25
Kalium	0,67	0,50	0,53
Kalk	0,33	0,30	0,30

Organische Dünger. Besonders bei der Umstellung auf eine naturgemäße Bewirtschaftung der Weide ist eine Düngung mit Algenkalk und Gesteinsmehlen eine gute Hilfe:

- ➔ Kohlensaurer Kalk organischer Herkunft (zum Beispiel Algomin) mit einem hohen Gehalt an Magnesium und Spurenelementen, in Mengen von 4 bis 6 dt/ha ausgebracht, regt die biologischen Umsetzungen im Boden an und gleicht Mangelerscheinungen aus.
- ➔ Gesteinsmehle wie Basalt- oder Lavamehl sind als langsam fließende Mineraldünger reich an Kieselsäure (ca. 45 %) und Spurenelementen. Sie fördern nachhaltig die Entstehung wertvoller Ton-Humus-Komplexe, was hauptsächlich humusarmen Böden nützt. Die ersten Jahre können Sie bis zu 20 dt/ha ausbringen. Später genügen 2 bis 3 dt/ha.

Kompost. Das Ausbringen gut verrotteten Kompostes ist das Vorteilhafteste, was Sie zum Gedeihen der Weide tun können. Einen kraftvollen Kompost erhält man durch Mischung pflanzlicher Rückstände mit Stallmist. Wie Sie der Tabelle entnehmen können, hat der Schafmist im Vergleich zum Dung anderer Nutztiere ungleich höhere Nährstoffgehalte.

Bei einer Tiefstreu-Stallhaltung ist es zweckmäßig, den Haufen im Frühjahr beim Ausmisten mit dem im Laufe des Jahres gesammelten organischen Material aufzusetzen. Gleichzeitig wird der vorausgegangene Haufen ausgebracht, dessen Rotte bei fachgerechter Arbeitsweise nach zwölf Monaten beendet sein sollte.

Kompost bietet alle Voraussetzungen für eine sinnvolle Pflanzenernährung

- ➔ Durch sein Vermögen, Wasser zu speichern, verhindert er die Auswaschung eingelagerter Nährstoffe aus dem Boden;
- ➔ durch artenreiche Mikroorganismenen steigert er die biologische Aktivität des Bodens;
- ➔ Aufgrund seiner Zusammensetzung schützt er den Boden vor Mangelerscheinungen und Einseitigkeiten.

Auf schwerem, wenig durchlässigem Boden kann es im Kern des Komposthaufens wegen Sauerstoffmangel zu Faulprozessen kommen: Für eine zusätzliche Belüftung hat sich das Verlegen von Tonrohren (∅ 15 cm) auf 24 cm hohen Lochziegeln bewährt.

Kompostregeln. Eine erfolgreiche Rotte hängt wesentlich davon ab, wie sachverständig und gewissenhaft der Haufen aufgesetzt wird. Die sauerstoffliebenden Mikroorganismen brauchen reichlich Luft und ein feuchtes Klima, um Höchstleistungen vollbringen zu können. Folgende Regeln sollten Sie beachten:

- ➔ Materialien luftdurchlässig aufsetzen: Tiefstreu-Mist auflockern, 1,20 m Höhe und 1,80 m Basisbreite nicht überschreiten. Nicht festtreten, da bei Luftmangel Fäulnis auftritt.
- ➔ Für gute Feuchtigkeit in der Rotte sorgen: Sämtliche Bestandteile sollten mit Wasser vollgesogen sein, aber beim Zusammenpressen darf jedoch kein Tropfen herausfallen.
- ➔ Pflanzliche und tierische Substanzen gleichmäßig vermischen:
  Eine homogene Struktur anstreben, Kohlstrünke, Wurzelballen und ähnliches Material zerkleinern, keine Schichten bilden.
- ➔ Den fertigen Haufen schützen: Eine umhüllende Erdschicht auftragen, mit Stroh, altem Heu oder Ähnlichem bedecken und damit vor Hitze, Kälte oder Austrocknen bewahren.

Texelschafe stammen ursprünglich von der holländischen Insel Texel. Auf der Nordseeinsel Pellworm finden sie einen vergleichbaren Lebensraum. Dort beweiden sie die Deiche und das Vorland, wo salzverträgliche Gräser und Kräuter wachsen.

Weideverfahren

Das Hüten der Schafe im idyllischen Schäferstil werden Sie sich vielleicht aus Zeitgründen versagen müssen. Das schließt jedoch kleine Ausflüge mit den Schafen in benachbartes Gelände nicht aus. Doch abgesehen von der fehlenden Zeit und eventuell auch aus Mangel an einer geeigneten Weideflur ist die Beweidung in eingezäunten Bereichen überschaubarer. Je nach Anzahl der Tiere, vorhandener Weidefläche und Qualität der Weide empfehlen sich unterschiedliche Weideverfahren. Die Tiere sollten so weiden, dass sie während der ganzen Weideperiode immer ausreichendes Futter von guter Qualität vorfinden können. Es gilt, eine Über- oder Unterbeweidung zu vermeiden und eine Art der Beweidung zu praktizieren, die sich der jahreszeitlichen Vegetation rhythmisch anpasst. Während im Frühjahr dem Tier „das Gras ins Maul wächst", tritt gewöhnlich Anfang Juli eine Wachstumshemmung ein, der im August wiederum ein neuer, aber schwächerer Wachstumsimpuls folgt, ehe der Aufwuchs in den Herbst hinein langsam nachlässt.

Tüdern oder Anpfählen. Das Anbinden der Tiere mit einer 3 bis 4 m langen Kette an einen Pflock ist von den verschiedenen Möglichkeiten der Weideführung die schlechteste und kann nicht empfohlen werden. Gegen das Tüdern spricht einiges:

- Die weitgehend eingeschränkte Bewegungsfreiheit der Tiere und das Fehlen eines schattigen Ruheplatzes widersprechen jeglichen Anforderungen an eine artgerechte Haltung.
- Das fortwährende Umpflocken erfordert einen hohen Arbeitsaufwand, besonders wenn mehrere Tiere getüdert werden.
- Die Trinkwasserversorgung ist oft schwierig.
- Die Tiere müssen abends in den Stall gebracht werden.
- Eine ständige Beobachtung der Tiere ist unerlässlich, um sie bei einem Wetterumschwung schnell aufstallen zu können oder um sie vor frei laufenden Hunden zu schützen.

Standweide. Eine große Wiese für wenige Tiere scheint zunächst die beste Art der Weidehaltung zu sein und dürfte den Vorstellungen eines angehenden Schafhalters am ehesten entsprechen: Die Schafe können sich auf der gesamten Fläche frei bewegen und die ihnen zusagenden Pflanzen auswählen. Zudem ist der Zeit- und Arbeitsaufwand relativ gering und die Kosten für die feste Umzäunung und deren Instandhaltung halten sich in Grenzen. Doch einige Nachteile der Standweide sind nicht zu übersehen:

- In der Hauptvegetationszeit (Mai bis Juni) wird das hohe Futteraufkommen verhältnismäßig gering genutzt, große Futtermengen werden niedergetreten und durch Kot breitflächig verunreinigt.
- Eine Heugewinnung ist schwierig oder gar nicht möglich.
- Neuinfektionen mit Innenparasiten sind jederzeit möglich, da die gleiche Fläche beweidet wird, auf der sich ausgeschiedene Wurmeier zu ansteckenden Larven entwickeln.
- Wiederholte Wurmkuren belasten nicht nur zunehmend die Tiere, sondern auch Wolle, Milch und Fleisch.

- Ohne einen schattenspendenden Baumbestand und eine Weidehütte zum Schutz gegen Regengüsse für empfindliche Schafe ist die Standweide gar nicht denkbar.

Umtriebsweide. Sie erlaubt nicht nur eine ordentliche Gewinnung des Winterfutters, sondern auch andere Nachteile der Standweide werden vermieden. Nach der goldenen Weideregel „kurze Fresszeiten – lange Ruhepausen" wird den Tieren nach der Abweidung eines angemessenen Weideteiles eine neue Teilfläche zugewiesen. Dabei können der Futterbedarf und der je nach Jahreszeit und Witterung unterschiedliche Aufwuchs durch verschieden lange Weidezeiten oder variierte Flächengrößen in Einklang gebracht werden.

Zur Umtriebsweide gehören eine feste, möglichst sichere Außenumzäunung und flexible Innenzäune. Die Tiere beweiden nacheinander etwa sechs bis zehn Einzelparzellen, die jeweils nur so groß gewählt werden, dass sie den Tieren Futter für etwa drei bis maximal sechs Tage liefern.

Um dem Grundprinzip "kurz beweiden – lange erholen" gerecht zu werden, braucht man für die Umtriebsweide mehrere Parzellen. So kann sich die Grasnarbe zwischendurch immer wieder regenerieren.

Eine dem Aufwuchs angepasste Weidezeit auf begrenzter Fläche gewährleistet eine gleichmäßige Beweidung und verhindert ein Verbeißen bevorzugter Pflanzen. Durch äußere Einflüsse wie Sonneneinstrahlung oder Temperatur stirbt in dieser Zeit die Wurmbrut ab, und die Weide wird gewechselt, ehe die ansteckungsfähigen Larven schlüpfen.

Die Abfolge des Parzellenwechsels muss im jahreszeitlichen Verlauf dem Futteraufwuchs angepasst werden:

- Schnelle Umtriebe im Frühsommer, da die Pflanzen schnell nachwachsen, und nur kurze Ruhezeiten von etwa zwei Wochen.
- Langsame Umtriebe im Herbst mit Ruhezeiten von fünf bis sechs Wochen, in denen sich die Reservestoffe in den Wurzeln einlagern können.
- Bis Ende Mai, spätestens bis Mitte Juni, sollten alle Flächen durch Beweidung oder Schnitt einmal genutzt worden sein.

Eine mit Elektronetzen (Knotengitter) abgesteckte „Portionsfläche" einer Umtriebsweide. Die Hütehunde, zwei behende Border-Collies, warten vor dem Umtrieb der Rhönschafe auf die Weisung des Hirten.

→ Zur Heuwerbung werden im Mai/Juni etwa 30 bis 40 % der Gesamtfläche als Mähflächen vorübergehend aus dem Umtrieb herausgenommen. Später werden diese Flächen wieder nach und nach in den Beweidungsplan eingebunden.

Weidepraxis. In der Praxis wird es vielfach vorgezogen, die Vorteile der Stand- und Umtriebsweide miteinander zu verbinden und damit auch die Nachteile zu mindern, die bei der Umtriebsweide in der relativ hohen Arbeits- und Zeitintensität bestehen.

Unterschiedliche Verfahren sind möglich: Ist die Weidefläche sehr groß, kann sie sozusagen in mehrere Standweiden eingeteilt werden, die nach der Beweidung regelmäßig gewechselt werden. Oder aber mehrere getrennt voneinander liegende Wiesen werden abwechselnd als Standweiden turnusmäßig beweidet oder zur Heuwerbung genutzt. Auch hier können kleinere Abschnitte mit Elektrozäunen abgetrennt werden, falls die Größe der Gesamtfläche über ein angemessenes Maß hinausgeht.

Holzzäune sind heutzutage eher selten. Meist werden inzwischen feste Zäune aus Maschendraht oder mobile Elektrozäune verwendet.

Weidebegrenzungen

Ein ausbruchsicherer Zaun ist die beste Gewähr für eine funktionierende Koppelhaltung und eine gute Nachbarschaft. Er schützt die Tiere auch vor streunenden Hunden.

Feste Zäune. Für die Einzäunung der gesamten Weidefläche einer Standweide oder Umtriebsweide eignet sich am besten ein 1 m hohes Drahtgeflecht, das an den Innenseiten an etwa 3 bis 5 m auseinanderstehenden Holzpfählen (je nach Gelände) befestigt und gespannt ist. Die nicht zu weiten Maschen müssen im unteren Bereich nochmals kleiner werden, damit auch die Lämmer den Kopf nicht durch das Zaungeflecht stecken können. Dabei könnten sie sich verletzen, möglicherweise sogar erhängen oder aber den Zaun nach außen drücken. Wer ganz sicher gehen will, zieht an der Pfahlinnenseite in einer Höhe von etwa 30 cm einen elektrisch geladenen Draht.

Mobile Elektrozäune. Stromführende flexible Zäune sind die ideale Ergänzung für die innere Abgrenzung der zeitweiligen Weideflächen einer Umtriebskoppel. Sie ermöglichen als „fliegende Zäune" ein schnelles Versetzen durch einen einfachen Auf- und Abbau. In Frage kommen sowohl Elektronetze als auch elektrifizierte Litzenzäune mit unterschiedlichen Weidezaungeräten.

Elektronetze werden aus netzartig verknüpften Kunststoffdrähten gefertigt, in die teilweise stromführende Metalldrähte eingesponnen sind. Die Netze werden in Höhen von 83 bis 110 cm sowie 25 beziehungsweise 50 m Länge mit isolierenden Kunstoffpfählen hergestellt. Abgesehen von den verschiedenen Höhen variieren die Maschenweiten (im Mittel 15 × 13 cm), die Pfahlspitzen und die Qualität. Es gibt zahlreiche Fabrikate. Außer dem Euro-Netz „Extra lammsicher", bei dem die Maschen der fünf unteren Reihen etwa 6 × 6 cm groß sind, und dem englischen Live-Stok-Netz, in dem alle 30 cm ein halbsteifer Senkrechtstab (Kunststoffsteg) für eine gute Geländeanpassung eingeflochten ist, gibt es aber nur geringe Unterschiede.

Litzenzäune sind billig und einfach zu erstellen. Sie bestehen aus Litzen, bis zu 10 mm breiten Bändern oder Drähten verschiedener Stärken und stabilen Kunststoffpfählen mit festen Isolatoren und Trittlaschen. Diese lassen bei geeigneten Fabrikaten auch ein Eintreten der Pfähle in steinige Böden zu. Bei Holz- oder Rundeisenpfählen können verschiedenartige Isolatoren verwendet werden. Litzenzäune eignen sich besonders für die Einzäunung größerer Flächen. Mit ihnen ist sogar die Ein-

Merino Landschafe sind eine robuste Rasse, die selbst im Winter mit ihren Lämmern einen Weidegang gut verkraften können.

Die rechts dargestellten Zäune eignen sich vornehmlich für Schafe mit Lämmern oder Jährlingen. Die mobilen Knotengitter haben eingearbeitete Stützpfähle, Live-Stok-Netze haben zudem alle 30 cm eine halbsteife Senkrechtverbindung aus Kunststoff. Bei den Stützpfählen für den Litzenzaun sind je nach Verwendungszweck Abstandhalter für die Drähte vorgesehen.

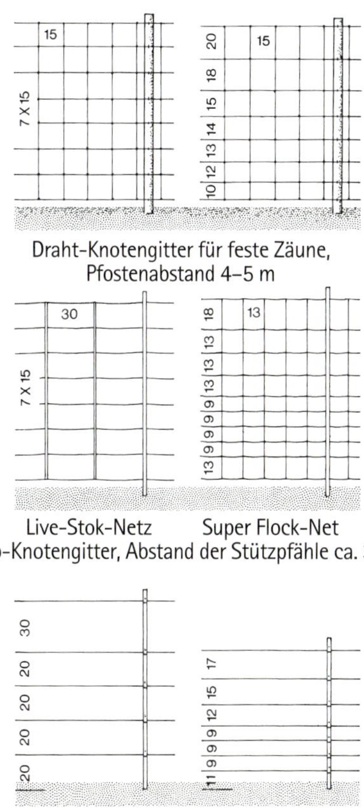

Draht-Knotengitter für feste Zäune, Pfostenabstand 4–5 m

Live-Stok-Netz Super Flock-Net
Elektro-Knotengitter, Abstand der Stützpfähle ca. 3,50 m

horizont „profi-line" Euro Fix 7
Elektro-Litzenzaun, Abstand der Stützpfähle ca. 5–8 m

zäunung einer Standweide denkbar, zumal in Gebieten, in denen die Errichtung auffälliger Zäune nicht gestattet ist.

Weidezaungeräte. Zur Stromversorgung werden 230-V-Netzgeräte, 12-V-Autobatterien oder 9-V-Trockenbatterien eingesetzt. In Hofnähe wird am besten ein Netzgerät über ein bis zu 200 m langes hochspannungsfestes Erdkabel verwendet. Es arbeitet bewuchsunempfindlich und kann bis zu 30 km Drahtlänge versorgen.

Auf freier Weide werden meist 12-V-Batterien eingesetzt. Sie können nachgeladen werden, je nach Zaunlänge etwa alle zwei Wochen. Trockenbatterie-Geräte eignen sich nur für kleinere Zaunanlagen. Diese Batterien können nicht nachgeladen werden, sind aber über eine längere

Weidebegrenzungen

Bei der Vielzahl der angebotenen Netze, Litzen und Geräte gibt es zweifellos Qualitätsunterschiede. Die Deutsche Landwirtschafts-Gesellschaft (DLG) hat verschiedene Produkte beurteilt. Die Prüfberichte sind in dem DLG-Sammelband "Weidewirtschaft" enthalten, der gegen eine Schutzgebühr erhältlich ist (Anschrift siehe Seite 92).

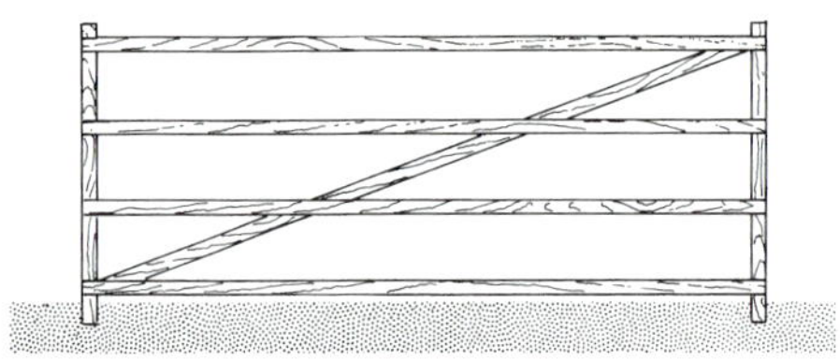

Hürde je nach Länge aus Latten 30/50 oder 40/60 mm

Lämmerschlupf, lichte Weite max. 25 x 50 cm

Zeit einsatzfähig (je nach Zaunlänge und zeitlicher Beanspruchung bis zu zwei Jahre). Bei diesen weniger schlagkräftigen Batterien muss unter dem Zaun gemäht werden, um eine Entladung durch Bewuchs zu verhindern. Wichtig ist eine regelmäßige Kontrolle des Ladezustandes.

Die Leistung aller Geräte ist abhängig von einer einwandfreien Erdung. Um auch gegen kritische Trockenheit gewappnet zu sein, sollte ein mindestens 1 m langer verzinkter (Rost isoliert!) Eisenstab eingeschlagen werden.

Hürden mit Lämmerschlupf. Angesichts der unübersehbaren Vorteile der E-Zäune wird sich heute wohl niemand mehr die mühsame Arbeit des Herstellens und Anwendens von Holzhürden selbst für kleinere Bestände machen. Jedoch kann eine Variante, der Lämmerschlupf,

Links: Zum Abteilen von Stall- oder Weideflächen eignen sich am besten leicht herzustellende Hürden: Ein Lämmerschlupf teilt den Lämmern neue unberührte Weideabschnitte zu.

Unten: Bereits in den ersten sonnigen Vorfrühlingstagen genießen die genügsamen Moorschnucken den noch kargen Weideaufwuchs.

recht nützlich sein. Durch etwa 25 cm breite und bis zu 50 cm hohe Aussparungen in der Hürde können die Lämmer auf ein angrenzendes zugeteiltes Weidestück gelangen. Der frische Aufwuchs ist eine natürliche Kraftquelle. Allerdings lernt so manches Lamm dabei auch, jedes kleine Zaunloch zum Durchschlüpfen zu nutzen.

Überprüfen Sie Ihren Versicherungsschutz

Ihre Haftpflichtversicherung sollte auch Schäden durch ausbrechende Tiere abdecken.
Im Zweifelsfall fragen Sie bitte schriftlich bei Ihrer Versicherung nach und erläutern dabei genau die betrieblichen Zusammenhänge (Zusammensetzung des Tierbestandes, gepachtete Weiden etc.).

Weideunterstand

Um die Investitionen für einen soliden Stallbau zu vermeiden, werden heute zunehmend robuste und winterharte Rassen gehalten. Sie sind auch bei schlechtem Wetter mit einem Unterstand zufrieden.

Für die Wetterharten, die sich ganzjährig auf der Weide aufhalten, sollte die Unterstellmöglichkeit solide und wetterfest gebaut werden. Das kommt den Tieren zugute und vermeidet laufende Instandhaltungskosten. Beachten Sie aber auch hier die baurechtlichen Auflagen.

Bauweise. Ein Fachwerkbau entspricht am ehesten allen Erfordernissen. Er lässt sich auch kostengünstig im Eigenbau erstellen. Die Holzkonstruktion wird auf einem massiven Sockel errichtet, auf dem eine Lage Dachpappe das Holz gegen aufsteigende Bodennässe schützt. Es genügt vollauf, nur drei Seiten zu verbrettern, so dass eine Längsseite für den freien Zugang offenbleibt. Für den besseren Schutz sollte der Raum möglichst niedrig sein und sich vor allem in die Tiefe erstrecken. Im Eingangsbereich können bei nasser Witterung Trittschäden entstehen. Das Aufbringen einer dicken Schicht groben Rindenmulch schafft hier Abhilfe.

Das Pultdach wird mit Dachpappe gedeckt. Alle Holzteile müssen regelmäßig mit einem umweltfreundlichen und tierverträglichen Holzschutzmittel gestrichen werden.

Standort für Unterstände

Am besten errichten Sie den Unterstand in geschützter Lage, zum Beispiel in einer Baumgruppe, am Rande eines Gehölzes oder Buschwerks. Die Rückwand sollte möglichst gegen die Wetterseite (Nordwest) liegen.
Wenn das Bauvorhaben die Landschaft nicht durch eine freie und herausragende Stellung beeinträchtigt, haben Sie auch größere Chancen bei der Baugenehmigungsbehörde.

Innenausbau. Die „Ausstattung" des Innenraumes sollte folgendermaßen aussehen: Ein festgestampfter Boden mit reichlicher Strohauflage und eine durchgehende Heuraufe an der Rückwand mit darunter befindlichem Kastentrog, in dem herausfallendes Raufutter aufgefangen und geschnitzeltes oder pelliertes Futter gegeben werden kann. Weiterhin eine Eimertränke, wenn nicht idealerweise ein sauberer Bach vorbeifließt.

In einem Nebenraum werden Stroh und Vorräte gelagert. Er braucht nicht sehr geräumig zu sein, da verhältnismäßig kleine Raufuttergaben genügen. Ist der Hof nahe, erübrigt sich der Lagerraum gänzlich.

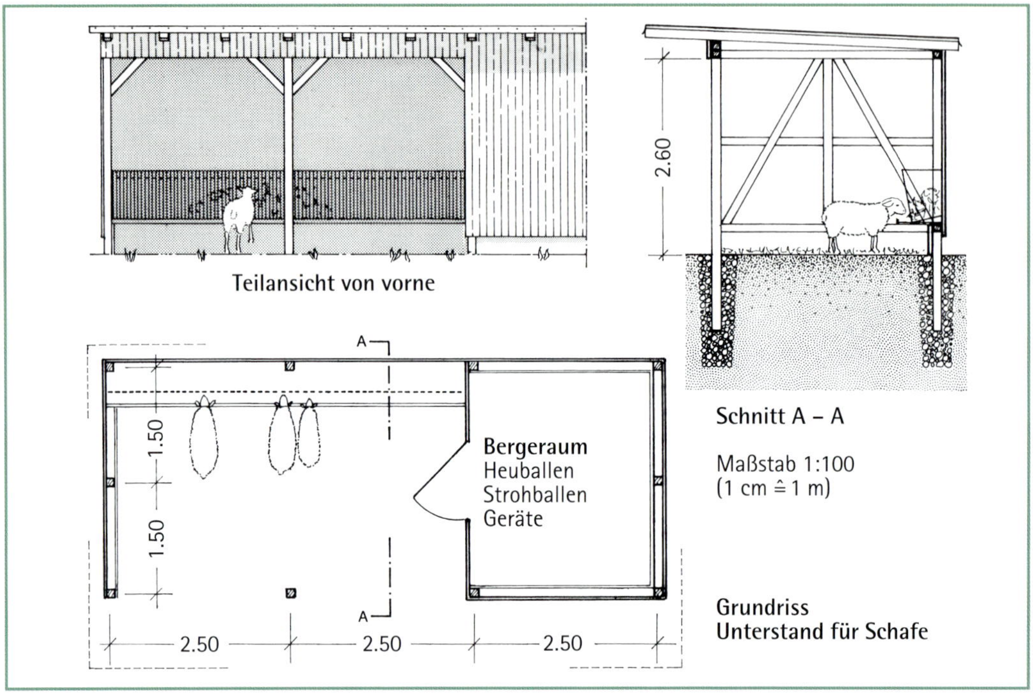

Die Gestaltung und Ausstattung eines Unterstandes ist variabel: Die Größe richtet sich nach der Zahl der Tiere. Bei einer lichten Höhe des Zuganges von mindestens 2,60 m kann der Mist mit einem Schaufellader geräumt werden. In besonders windigen Lagen sollten die Pfosten mindestens 1 m tief gesetzt werden. Sickerschächte mit grober Kiesfüllung verhindern Fäulnis. Der Zugang ist zweckmäßig mit einer dicken Schicht Rindenmulch abzudecken, um Trittschäden bei nassem Wetter zu vermeiden.

Liegeplätze. Die Liegefläche kann verhältnismäßig klein bemessen werden, da die Tiere den Unterstand nur bei schlechter Witterung aufsuchen. Rund 15 m^2 reichen für 7 Tiere aus: 1,5 m^2 Liegefläche je Tier und je 0,5 m^2 für den Fressplatz. Dazu kommen etwa 7 m^2 für den Lager- und Geräteraum, so dass der gesamte Unterstand einen umbauten Raum von etwa 22 m^2 × 2,80 m (Höhe) = ca. 65 m^3 hat. Die Baukosten würden zwischen 6 000 und 8 000 DM betragen.

Freilandraufe. Werden die Tiere abends in den nahe liegenden Stall gebracht, genügt auch schon eine überdachte Raufe, wie sie Forstämter für das Wild herrichten. Witterungsbeständiger sind allerdings Kastenraufen, die relativ leicht herzustellen sind. Ein regelmäßiger Standortwechsel vermeidet Trittschäden. Wird die Raufe jedoch als ständige Einrichtung mit festem Aufbau geplant, sollten Sie eine niedrige Einfassung um den Kasten vorsehen. Die Tiere können dann das herunterfallende Heu nicht zertreten, so dass man es wieder in den Kasten zurückgeben kann.

Die Kastenraufe kann sowohl durch einen Deckel von oben mit einem Ballen oder auch durch eine Klappe von einer Seite mit losem Raufutter beschickt werden.

Fahrbarer Unterstand. Da man nicht auf jeder Einzelweide einen festen Unterstand bauen kann, bietet es sich an, eine bewegliche Unterstellmöglichkeit einzurichten. Die verschiedensten Ausführungen sind hier denkbar. Zum Beispiel wird ein der Zahl der Tiere entsprechend großer und angemessen hoher gummibereifter Tafelwagen beim Weidewechsel mit den Tieren mitgefahren. Er bietet den Schafen Schutz vor Hitze und Regengüssen. An der Längsseite sollte ein Windschutz angebracht werden. Ein Behälter mit Wasser, das täglich erneuert wird, sowie ein Leckstein oder ein Trog mit Mineralfutter sind eine sinnvolle Ergänzung.

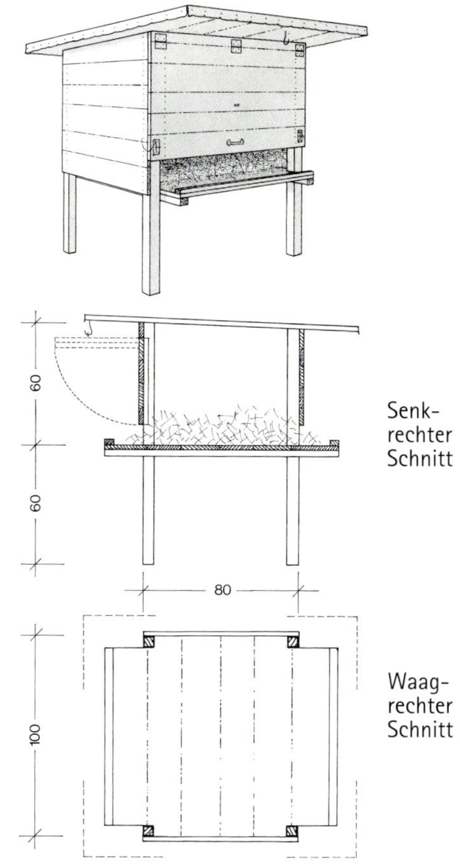

Mit einer mobilen Freilandraufe kann der Standort auf der Winterweide gewechselt werden, um eventuelle Trittschäden zu verhindern. Alternativ wird sie statt von oben von der Seite beschickt und ist von zwei Seiten zugänglich. Die Einfassung für fallendes Futter, die bei standortfesten Raufen zu empfehlen ist, entfällt.

Stall

Schafe sind nicht so unempfindlich wie allgemein angenommen. Während der Schafskälte Mitte Juni sind die üblicherweise im Mai geschorenen Tiere wegen ihres kurzen Vlieses besser im Stall aufgehoben. Gleichermaßen kann die Isolierung eines dichten Sommervlieses an heißen Tagen zu einem bedrohlichen Wärmestau führen, wenn nicht schattenspendende Bäume, ein Unterstand oder Stall Schutz bieten.

Ein Stallgebäude ist weiterhin unumgänglich für die Versorgung eines kranken oder ablammenden Tieres wie auch für die Haltung von Milchschafen, um die erforderliche Melkhygiene einhalten zu können.

Für einen Neubau mit Bergeräumen für Vorräte und Einstreu müssen Sie allerdings größere Kosten einplanen, falls Sie alle artgemäßen, baulichen und praxisbezogenen Gesichtspunkte berücksichtigen wollen. Von großem Vorteil ist es, wenn schon geeignete Baulichkeiten vorhanden sind, die lediglich für eine artgerechte Haltung um- oder ausgebaut werden müssen. Landwirtschaftliche Altgebäude sind beispielsweise für die Schafhaltung sehr gut nutzbar und senken die Investitionskosten.

Die folgende Beschreibung eines mustergültigen Stallgebäudes bezieht sich auf einen Neubau, für einen Um- oder Erweiterungsbau soll sie Ihnen als Orientierungshilfe dienen.

Stallklima

Einige wichtige Dinge müssen berücksichtigt werden, um das Wohlbefinden der Tiere während ihres winterlichen Stallaufenthaltes nicht zu beeinträchtigen.

Temperaturverhältnisse. Schafe fühlen sich bei Temperaturen zwischen 0 und 20 °C am wohlsten. Ist es zu kalt oder zu warm, wirkt sich dies auf das Fressverhalten aus. Da der Wärmehaushalt über die Pansenverdauung reguliert wird, muss ein frierendes Schaf bis zu 100 % mehr Futter aufnehmen. Bei übermäßigen Temperaturen fressen die Tiere entsprechend weniger.

Die Temperaturverhältnisse im Stall werden maßgeblich durch die Wärmedämmung der Außenwände bestimmt. Bei einem kostengünstigen Fachwerkbau können die Wände je nach den örtlichen Klimaverhältnissen einschalig, doppelschalig oder mit einem geeigneten Isoliermaterial zwischen den Bretterschalen ausgeführt werden.

Bitte achten Sie im Stall auf

- → angemessene Temperaturen,
- → trockene Lauf- und Liegeplätze,
- → viel Licht und
- → ausreichend frische Luft.

Trockene Liegeplätze. Der Stallboden besteht in der Regel aus Naturboden oder gestampftem Lehm. Bei einer Tiefstreu-Haltung wird nur ein- oder zweimal im Jahr ausgemistet. So bildet sich ein warmes Polster aus möglichst kurzer und gut saugbarer Einstreu mit Weizen- oder Haferstroh. Schafmist ist trocken und gibt keine Jauche ab, so dass keine Abflusseinrichtungen nötig sind.

Bei feuchtkaltem oder zu heißem Wetter halten sich Schafe lieber im Stall auf.

Lichtverhältnisse. Die Fensterfläche sollte 25 % der Stallgrundfläche betragen, um den Lichtbedürfnissen der Tiere gerecht zu werden. Hochliegende Kippfenster, die sich nach innen und oben öffnen lassen und mehrstufig verstellbar sind, schaffen gute Lichtverhältnisse und vermeiden, dass die einströmende Kaltluft unmittelbar nach unten fällt.
Be- und Entlüftung. Hohe Luftfeuchtigkeit und verbrauchte Luft mit hoher Schadgaskonzentration sind gesundheitsschädlich. Um eine angemessene Luftfeuchtigkeit zu erreichen, muss der Be- und Entlüftung besondere Beachtung geschenkt werden. Durch einen einwandfreien Abzug des Stalldunstes an der höchstgelegenen Stelle des Daches und durch die frische Fenster-Zuluft, die über verstellbare Kippstellung reguliert werden kann, kann man eine hohe Luftfeuchtigkeit und auch unangenehme Zugluft verhindern.

Aber auch die Bauweise wirkt sich regulierend auf die Stallfeuchtigkeit aus. Für die Außenwände sind natürliche Materialien wie zum Beispiel Holz zu bevorzugen. Mauer- oder Betonwände neigen zur Schwitzwasserbildung, die die Luftfeuchtigkeit erhöht.

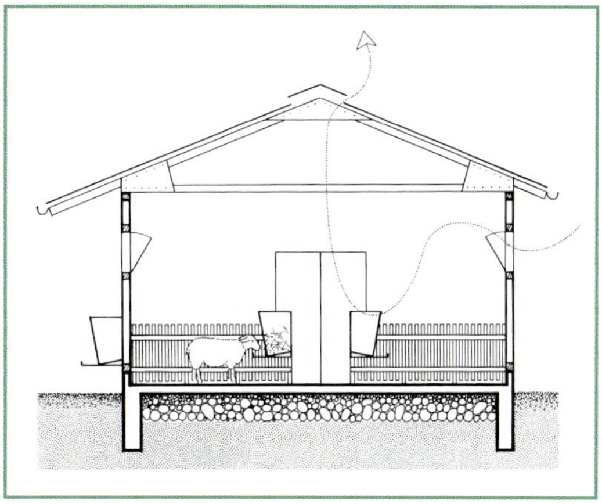

In der Regel genügt ein Fachwerkbau mit äußerer Bretterverschalung. Günstig ist die Belüftung durch verstellbare Fenster und die Entlüftung über das Dach.

Lauf- und Liegeplätze

Um den Tieren auch während des Stallaufenthaltes soviel Bewegungsfreiheit wie möglich zu gönnen, sollte man sie in einem Laufstall unterbringen. Die Einrichtung eines Anbinde- oder Boxenstalles kommt für eine artgerechte Haltung nicht in Frage.
Platzbedarf. Wenigen Tieren muss verhältnismäßig mehr Fläche zur Verfügung stehen als einer größeren Anzahl. So brauchen zwei Schafe insgesamt mindestens 6 m² (3 m² je Tier), um ausreichend Platz zu haben, dagegen verteilen sich 10 Schafe auf einer Lauffläche von insgesamt 20 m² (2 m² je Tier) so, dass irgendwo immer eine Bewegungsmöglichkeit gegeben ist.
Für Jungtiere berechnet man 1,5 m²/Tier. Eine Haltung von sechs Schafen mit maximal neun Jungtieren (bei einer Ablammquote bis zu 150 %) würde also eine rund 23 m² große Lauffläche beanspruchen.

Je größer die Anzahl der Tiere ist, desto notwendiger wird es sein, die Lauffläche durch Hürden, zum Beispiel für Muttertiere mit ihren Jungtieren oder für Problemfälle, abzuteilen. Böcke oder vorübergehend kranke Tiere sind besser in jeweils etwa 3 m² großen Boxen aufgehoben, die ebenso wie die Lammbox einen Futtertrog haben sollten, der vom Gang aus beschickt werden kann.

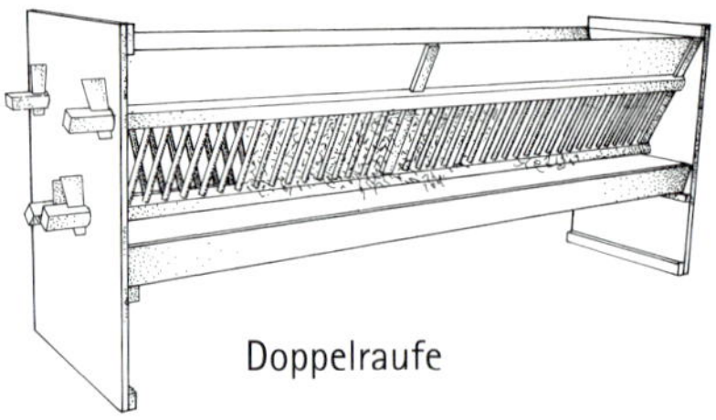

Doppelraufe

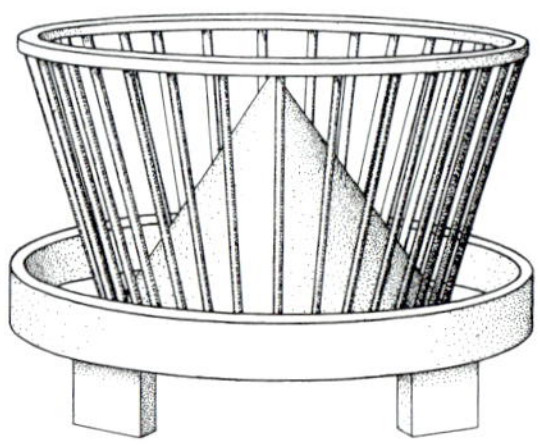

Rundraufe

Auch die frei stehenden Stallraufen für Tiefstreuställe sind mit Trögen für Kraftfuttergaben und fallendes Heu versehen. Die Rundraufe hat einen Kegel, der das Heu „maulgerecht" an die Stäbe rutschen lässt.

Boxen. Eine etwa 3 m^2 große Ablammbox verbessert die Betreuung des Nachwuchses und fördert die Mutter-Lamm-Bindung. Sie erleichtert die Aufsicht bei der Geburt und die Hilfestellung bei eventuellen Komplikationen. Der unmittelbare Kontakt zwischen Mutter und Lamm wird mit größerer Sicherheit gefunden, vor allem bei rasch aufeinander folgenden Mehrlingsgeburten. Die Box fördert eine ungestörte mütterliche Fürsorge, die mit dem Ab- und Trockenlecken beginnt.

Fütterungseinrichtungen

Zur Verfütterung von Rau-, Kraft- und Mineralfutter verwendet man Heuraufen mit einem Sprossenabstand von 5 bis 7 cm (je nach Schnauzenbreite), einem flachen Trog und einem „Nackenbrett". Der Trog, in dem fallendes Heu aufgefangen und Kraft- und Mineralfutter verfüttert wird, hat einen schrägen Boden, auf dem auch aus dem Raufutter fallende Heublumen hinunterrutschen können. Das Nackenbrett am oberen Teil des Troges verhindert, dass Futterteilchen auf den Rücken der Tiere fallen, was die Wollqualität erheblich beeinträchtigt. Je nach Art der Ställe können die Raufen in das Gatter zwischen den Tierplätzen und dem Gang als Trennelement eingefügt und vom Gang aus beschickt werden. Oder aber sie werden als Leiter- oder Rundraufen frei aufgestellt.

Futterplatz. Die Fressplatzbreite (Troglänge) beträgt für ein erwachsenes Tier 40 cm und für ein Jungtier bis zu einem Jahr 30 cm. Für Lämmer, die bereits Raufutter aufnehmen, teilen Sie möglichst ein Extra-Quartier mittels einer Hürde mit Lämmerschlupf ab, damit sie in Ruhe fressen können.

Tränke. Tränkebecken, die an eine vorhandene Wasserleitung angeschlossen werden, ermöglichen eine kontinuierliche Wasserversorgung. Von diesen „Selbsttränken" mögen die Schafe die mit einem Schwimmer ausgestatteten lieber als diejenigen, die mit einem Nippel versehen sind. Wenn kein Tränkebecken installiert werden kann, muss immer frisches Wasser im Eimer bereitgestellt werden.

Um Verunreinigungen durch Kot zu vermeiden, sollte der Eimer auf ein 30 cm über dem Mist stehendes Podest gestellt werden. Besser ist es jedoch, wenn der Eimer oder Trog – durch eine Lücke erreichbar – außerhalb des Gatters steht oder hängt. Das Wasser ist so einfacher zu ersetzen und der Liegeplatz bleibt trocken. Bei der Ablammbox ist die Wasserversorgung außerhalb in jedem Fall anzuraten.

Vorräte

Für Vorräte wie Futter und Einstreu ist ein Bergeraum einzuplanen, der wegen der Stall-Luft vom Stallraum getrennt und abschließbar sein sollte.

Berechnung des Flächenbedarfs. Die Größe der Lagerfläche für Einstreu und Futtermittel als Beispiel für sechs erwachsene und neun Jungtiere kann nur annähernd berechnet werden, da die zum Raufutter zusätzlich gegebenen Futterrationen variabel sind. Die Berechnung soll lediglich eine Orientierungshilfe geben unter der Annahme, dass

- → die Tiere sich im Winter ganztägig im Stall aufhalten;
- → die Lämmer nur wenig Heu und keine Rüben fressen, da sie bis zum Beginn der Weide getränkt und im Herbst geschlachtet werden;
- → Kraftfutter in Säcken gelagert und leicht verderbliches Futter in Etappen besorgt wird, so dass 3 m^2 ausreichen.

Die Größe des Bergeraumes hängt ab

- → von den Einstreumengen und den Futterrationen, entsprechend der Zahl und der Aufenthaltsdauer der Tiere sowie
- → von der für die Praxis zweckmäßigen Lagerhöhe der Vorräte.

Gewicht und Raumbedarf von Futtermitteln

Einstreu Futtermittel	Raumbedarf* für 1 dt	Gewicht von 1 m^3
Stroh, Ballen	0,6 m^3	1,7 dt
Stroh, gehäckselt	2,0 m^3	0,5 dt
Heu, Ballen	0,4 m^3	2,4 dt
Heu, lose	1,7 m^3	0,6 dt
Futterrüben	0,2 m^3	6,6 dt
Trockenschnitzel	0,3 m^3	3,4 dt
Hafer	0,2 m^3	4,5 dt

* Für die Bedarfsberechnung ist es maßgeblich, wieviel Raum die (nach Gewicht veranschlagten) Futtermittel benötigen. Die Angaben sind Durchschnittswerte (1 dt = 1 Dezitonne = 100 kg).

Heu- und Strohlager. Die Plätze für Stroh und Heu werden wegen einer besseren Stapelung durch luftige Latten-Gatter getrennt. Ein Lagerplatz kann für besonderes Raufutter eingerichtet werden, wenn zum Beispiel hochwertige Luzerne oder Seradella angebaut wurden, um die Futterrationen nach Bedarf abzurunden.

Heu und Stroh sollten auf einem 15 bis 20 cm hohen Holzrost liegen, damit keine Bodenfeuchtigkeit hineinziehen und die Luft zirkulieren kann. Um eine Selbstentzündung des Heus durch Feuchtigkeit zu vermeiden, sollte bis etwa zehn Wochen nach der Einlagerung wöchentlich mit

Beispiel für die Berechnung des Lagerflächenbedarfs

Einstreu Futtermittel	Tage	Je Tag + Tier	Tiere	Jahresbedarf	Raumbedarf	Lagerhöhe	Fläche
Stroh, Ballen	365	0,5 kg	15	11,5 dt	7,0 m^3	2,75 m	2,5 m^2
Heu, lose	150	1,5 kg*	6	13,0 dt	23,0 m^3	2,75 m	8,5 m^2
Futterrüben	150	3,0 kg	6	27,0 dt	5,5 m^3	1,50 m	3,5 m^2
Kraftfutter	150	0,5 kg	6	4,5 dt			3,0 m^2
Insgesamt							17,5 m^2

* unter Berücksichtigung eines Verlustes von 20-30 %

Ein an das Stallgebäude anschließender Laufhof mit montierter Trograufe ermöglicht den Tieren auch im Winter einen Aufenthalt an der frischen Luft.

einer bis zu 4 m langen Heumesssonde (bei der Feuerwehr erhältlich) die Temperatur gemessen werden. Wenn es sich auch nicht entzündet, so werden im feuchtwarmen Heu doch wertvolle Inhaltsstoffe zerstört und es entwickeln sich Schimmelpilze, die das Futter ungenießbar machen.

Laufhof

Zu einer artgerechten Schafhaltung gehört es, dass die Tiere sich auch im Winter an der frischen Luft unter Einfluss der wichtigen UV-Strahlung bewegen können. Praktisch ist die Einrichtung eines eingezäunten Quartiers an der möglichst zugfreien Südseite des Stalles. Es muss so großzügig sein, dass sich die Tiere frei bewegen können. Frostige Tage werden so gut vertragen.

Die Wahrnehmung der Witterung und verschiedene Klimareize fördern
- → die Langlebigkeit,
- → die Fruchtbarkeit, auch schon durch eine bessere Brunsterkennung,
- → eine Erhöhung der Raufutteraufnahme sowie
- → eine Reduzierung von Stoffwechselstörungen.

Vorkehrungen. Der Durchlass zum Laufhof kann relativ schmal sein. Besser sind zwei Türen zu je 0,50 m Breite und 1 m Höhe, damit rangniederen Tieren der Durchgang nicht verwehrt werden kann, als eine

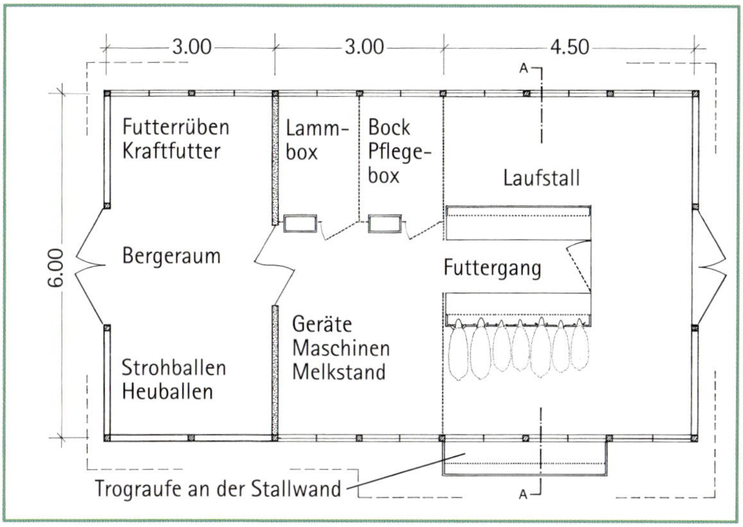

Der Laufstall misst etwa 24 m². Eine montierte Trograufe eignet sich für Ställe, die regelmäßig ausgemistet werden. In Tiefstreuställen sind freistehende Trograufen zweckmäßiger, die mit der wachsenden Matratze angehoben werden können.

breitere, die zwar mehreren den Durchlass gewährt, aber Drängeleien mit Verletzungsgefahr provoziert.

Sie können die Schafe für eine bestimmte Zeit herauslassen oder ihnen den Aufenthalt nach Belieben freistellen. Die Durchlässe können Sie mit Kunststoffschürzen verhängen, um die Stalltemperatur nicht zu weit absinken zu lassen. Die „Vorhänge" werden von den Schafen problemlos angenommen. Bei längeren Aufenthalten ist zu bedenken, dass der Boden stark strapaziert wird und Kotansammlungen gelegentlich beseitigt werden müssen. Zumindest bei nassem Wetter muss die „Winterfrische" eingeschränkt werden.

Einrichtungen. Zur Abrundung des Freiluftgeheges kann eine Heuraufe (Trograufe) an der Stallwand angebracht werden, die durch einen weiten Dachüberstand vor Schnee oder Regen geschützt ist. Eine Tränke sollte ebensowenig fehlen.

Muster-Grundriss

Der oben dargestellte Grundriss ist ein Vorschlag für die mögliche Anordnung der Funktionsbereiche und ihrer Flächengrößen für sechs erwachsene Schafe mit neun Jungtieren nach den angegebenen Bedarfswerten für Lauf- und Liegeplätze, Boxen, Vorräte, Melkstand und Geräte.

Baukosten. Die Herstellungskosten für einen Stall variieren je nach Bauweise, Ausstattung und Eigenleistungen. Im mittleren Bereich muss man einen Kubikmeterpreis von etwa 150 DM ansetzen. Die Baukosten betragen dann für ein 6 m × 10,5 m × 4 m = 250 m³ großes Stallgebäude durchschnittlich etwa 38 000 DM.

▲

Merino Landschaf

Das Merino Landschaf ist mittelgroß bis rahmig mit keilförmigem, langem Kopf und breiten, leicht hängenden Ohren. Kopf und Beine sind weiß behaart, die Stirn trägt einen typischen Wollschopf.

Wegen ihrer hervorragenden Marsch- und Pferchfähigkeit sowie ihrer Widerstandsfähigkeit und Robustheit sind diese Schafe in der Wanderhaltung unersetzlich. Sie können aber auch gut in der Koppel gehalten werden.

Die Vorfahren stammen aus Spanien. Um 1800 wurden spanische Feinwollschafe (Ovejas merinos = Wanderschafe) mit den einheimischen Landschlägen gepaart, um die hohen Preise für feine Wolle zu nutzen. So entstand die Rasse, die die bekannte Merinowolle liefert. Heute wird sie aber vor allem auf Fleischleistung gezüchtet.

	♂	♀
Widerristhöhe (cm)	90–100	75–85
Gewicht (kg)	120–140	80–90

Ostfriesisches Milchschaf

Die Ostfriesischen Milchschafe haben einen schmalen, ramsnasigen, hornlosen Kopf ohne Wolle mit nach vorne gerichteten dünnen und fleischfarben durchscheinenden Ohren. Das sicherste Erkennungszeichen ist der unbewollte Schwanz. In erster Linie ist das Vlies weiß, es werden aber auch schwarz-braune Typen gezüchtet.

Das Milchschaf bringt vierfachen Nutzen: Es liefert Milch, Fleisch, Wolle und Felle. Im Gegensatz zu anderen Schafrassen ist es kein Herdentier. Es sollte daher nicht in größeren Beständen gehalten werden. Die mittlere Jahresmilchmenge liegt bei 600 Liter mit 5,5 % Fett, Mengen über 1000 Liter mit 6 % Fett sind möglich. Das Ablammergebnis beträgt 250 %.

Wegen seiner hervorragenden Fruchtbarkeit wird es bereits im 16. Jahrhundert erwähnt und seit 1908 planmäßig gezüchtet.

	♂	♀
Widerristhöhe (cm)	80–90	70–80
Gewicht (kg)	130–110	80–100

▼

Rauwolliges Pommersches Landschaf

Das mittelgroße Landschaf trägt lange Mischwolle in den Farben weiß, hellgrau, blaugrau, blau und graubraun. Der hornlose Kopf und die Beine sind schwarz. Auf der Stirn hat es einen kleinen Wollschopf. Ältere Böcke tragen eine vom Hals bis zur Vorderbrust herabreichende schwarze Mähne. Die Lämmer werden schwarz geboren.

Das anspruchslose Schaf ist hervorragend für die Landschaftspflege geeignet. Es besitzt eine außergewöhnliche Widerstandsfähigkeit gegen Witterung und Klima sowie eine gute Resistenz gegen die Moderhinke. Das Fleisch ist eine Delikatesse und das Ablammergebnis beträgt etwa 130 %.

Das ursprünglich an der mecklenburgischen und pommerschen Küste verbreitete Schaf gehört heute zu den gefährdeten Rassen, für deren Erhalt sich bereits mancher Züchter einsetzt.

	♂	♀
Widerristhöhe (cm)	70	63
Gewicht (kg)	70–75	50–55

Rhönschaf

Das mittelgroße, schlichtwollige Schaf ist leicht daran zu erkennen, dass Kopf und Beine im Gegensatz zu anderen Schafrassen verschieden gefärbt sind: Der hornlose, bis hinter die Ohren unbewollte Kopf ist braun oder schwarz, die Beine und die Wolle sind weiß.

Das Rhönschaf ist widerstandsfähig gegen klimatische Einflüsse und hat einen geringen Futteranspruch bei bester Futterverwertung. Es verfügt ebenso über eine hervorragende Marsch- und Weidefähigkeit. Sein Fleisch hat einen wildähnlichen Geschmack.

Das Zuchtzentrum liegt in der hessischen und bayerischen Rhön und deren Umgebung. Das Herdbuch besteht seit 1933. Seit Anfang der 60er Jahre haben sich die bis dahin rückläufigen Bestände dieser gefährdeten Landschafrasse wieder erholt.

	♂	♀
Widerristhöhe (cm)	80–85	72–78
Gewicht (kg)	85–95	60–70

Fütterung

Als typische Weidetiere finden Schafe in freier Natur ihre Nahrung in Hülle und Fülle. In menschlicher Obhut sind sie jedoch auf das angewiesen, was wir ihnen bieten können. Die wichtigste Futtergrundlage bleibt aber auch bei der Haltung von Schafen das Grünfutter.

Eine satte Weide mit einem ausgeglichenen Pflanzenbestand kann den Bedarf der Tiere an Nährstoffen und Energie gut abdecken. Bei höheren Ansprüchen an die Leistung (zum Beispiel bei Milchschafen) müssen die Grundrationen durch zusätzliche Futterrationen ergänzt werden. Zu warnen bleibt hier jedoch vor tierischer Eiweißnahrung in jeglicher Form (unter anderem als Tiermehl), die nicht erst seit den BSE-Erkrankungen in der artgerechten Haltung tabu sein sollte.

Wie frisst und verdaut das Schaf?

Die hochspezialisierten Pflanzenfresser sind mit besonderen Eigenschaften ausgestattet. Gebiss und Magen sind der Lebensweise so einzigartig angepasst, dass sich andere Lebensumstände nachteilig auf das Wohlbefinden der Tiere auswirken können. Den komplizierten Verdauungsvorgängen der Wiederkäuer ist besondere Beachtung zu schenken, da sie spezielle Anforderungen an die Fütterung stellen.

Gebiss und Nahrungsaufnahme

Das Gebiss der Schafe ist ganz und gar der Nahrungsaufnahme auf der Weide angepasst. Anstelle der Schneidezähne im Oberkiefer haben die Tiere eine derbe Hornplatte mit knorpeliger Kante. Mit der sehr beweglichen Oberlippe holen sie die Pflanzen heran, klemmen sie zwischen Gaumenplatte und den unteren Schneidezähnen fest und rupfen oder knabbern sie dann ab.

Schafe sind Wiederkäuer. Sie besitzen insgesamt vier Mägen, die es ihnen ermöglichen, auch rohfaser- und zellulosereiches Futter zu verwerten.

Unterkiefer

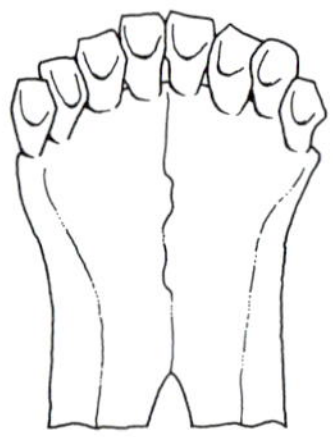

Milchgebiss
Schneide- und Eckzähne spätestens vollständig nach 4 Wochen

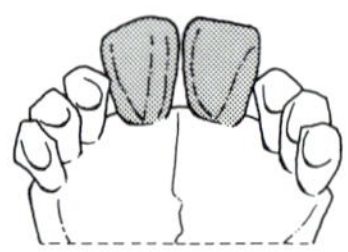

„Zweizahn"
Wechsel der Zangen nach 12–18 Monaten (2. Lebensjahr)

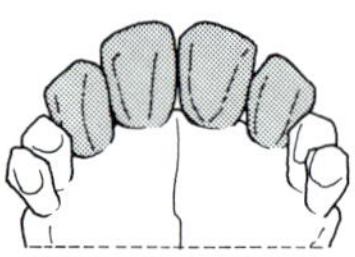

„Vierzahn"
Wechsel der Mittelzähne nach 18–24 Monaten (2. Lebensjahr)

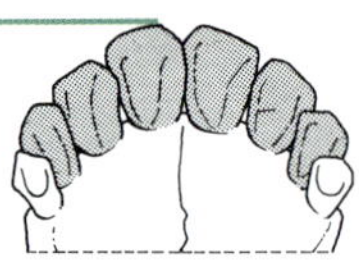

„Sechszahn"
Wechsel der Mittelzähne nach 2–3 Jahren (3. Lebensjahr)

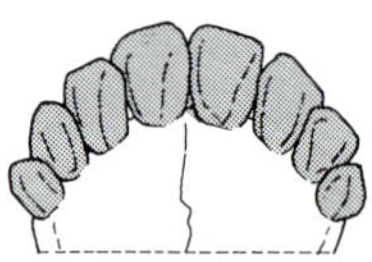

Volles Gebiss
Wechsel der Eckzähne nach 3–4 Jahren (4. Lebensjahr)

An den jeweiligen Wechselstadien der Schneide- und Eckzähne, die bei den Wiederkäuern nur am Unterkiefer vorkommen, kann in den ersten vier Lebensjahren das Alter des Tieres bestimmt werden.

Zahnformel

	Backenzähne	Schneide- und Eckzähne	Backenzähne
Oberkiefer	3 3	0 0 0 0	3 3
Unterkiefer	3 3	0 4 4 0	3 3

Kurzes Gras wird besser erfasst als langes. Ideal ist eine Wuchshöhe von 10 bis 15 cm, zumal es bis zu dieser Höhe auch einen guten Nährwert hat. Bei Überweidung können die Schafe das Gras mit „giftigem Zahn" so tief verbeißen, dass die Narbe geschädigt wird.

Zahnformel. Die Zähne sind bei dem bleibenden Gebiss nach folgender Zahnformel angeordnet: 24 kräftig entwickelte Backenzähne, jeweils 2 × 6 im Ober- und Unterkiefer, zerkleinern die Nahrung. Im Unterkiefer ist zwischen den Backen- und den acht Schneidezähnen eine Lücke. Steckt man den Daumen in diesen Zwischenraum, muss das Tier sein Maul öffnen.

Altersbestimmung. Der Wechsel vom Milchgebiss zum bleibenden Gebiss vollzieht sich zu unterschiedlichen Zeiten. Da die gewechselten Schneidezähne größer, kräftiger und schaufelartiger sind als die Milchzähne, kann man das ungefähre Alter entsprechend der jeweiligen Stadien ablesen. Der Zahnwechsel beginnt nach etwa einem Jahr mit den beiden mittleren Schneidezähnen (den Zangen) und setzt sich im Laufe von etwa drei Jahren über die benachbarten inneren und äußeren Mittelzähne bis zu den Eckzähnen fort. Die Dauer des Zahnwechsels hängt allerdings auch von der Rasse, der individuellen Veranlagung und dem Futterzustand ab. Gut ernährte Tiere wechseln die Zähne früher.

Verdauung

Schafe sind gute Futterverwerter. Selbst besonders rohfaser- und zellulosereiches Futter (stängeliges Grünfutter, Heu, Stroh, Blätter, Zweige oder Rinde), das von Tieren mit einem einhöhligen Magen kaum oder gar nicht verwertet werden kann, können Schafe durch ihr hochentwickeltes, vierhöhliges Verdauungssystem in wertvolle Nährstoffe verwandeln.

Das raue Futter muss, um gründlich aufbereitet zu werden, gut gekaut werden. Die Tiere kauen jedoch nicht nur sorgfältig, sondern zermalmen das einmal Geschluckte ein zweites Mal. Überwiegend im Liegen beginnen sie etwa 30 bis 60 Minuten nach der Futteraufnahme mit dem Wiederkäuen. Dieser Prozess dauert zwischen acht und zehn Stunden täglich und verteilt sich auf mehrere kürzere Perioden mit einer längeren Periode in der Mittagszeit, in der die Tiere möglichst in Ruhe gelassen werden sollten. Zwei weitere ausgedehnte Phasen folgen in der Nacht.

Die Verdauungsprozesse verlaufen entsprechend dem zweifachen Kauen ebenfalls in zwei Phasen ab:

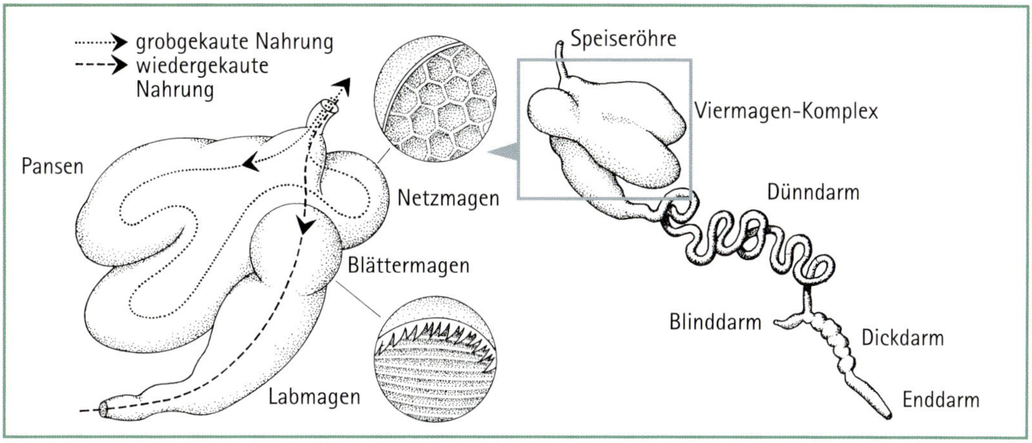

Aufbereitung. Das vorerst nur grob zerkleinerte Raufutter gelangt zunächst in den bis zu 20 Liter fassenden Pansen (Rumen, Wanst, Ranzen), einer großen Gärkammer, in der es von unzähligen Wimpertierchen (bis zu 900 000 je cm^3) und Bakterien nur so wimmelt. Diese schließen die sonst unverdauliche Zellulose auf und bereiten sie zu einer für die Ernährung wichtigen Eiweißquelle auf.

Nach der Zellulose-Verdauung wird das angedaute Futter über den Netzmagen (Haube) in das Maul zurückbefördert und nun in aller Ruhe gründlich durchgekaut. Dabei wird es mit bis zu zwölf Litern Speichel täglich angereichert, der die Gärungssäuren neutralisiert.

Verarbeitung. Nach dem Wiederkäuen durchläuft der Speisebrei den mit blattartigen Falten versehenen Blättermagen (Psalter, Kalender, Löser), in dem er zerrieben und ausgepresst wird. Schließlich gelangt er in den Labmagen (Käsemagen), der etwa dem einhöhligen Magen anderer Tierarten entspricht.

Da auch die eiweißreichen Pansenmikroorganismen nach getaner Arbeit im Labmagen verdaut werden, wird der Eiweißbedarf der Schafe überwiegend aus „eigener Herstellung" gedeckt. Die Tiere können daher mit eiweißärmerem Futter gut auskommen. Im Gegensatz dazu kann eine zu eiweißreiche Nahrung jedoch schwerwiegende Störungen hervorrufen.

Im mehrteiligen Magen der Wiederkäuer wird die Pflanzennahrung in verschiedenen Stadien verarbeitet: Grob zerkleinert wird sie im Pansen vergoren und gelangt über den mit netzartigen Schleimhautfalten ausgestatteten Netzmagen wieder in das Maul zurück. Wiedergekäut durchläuft der Speisebrei dann den blattartigen Blättermagen und den Labmagen. Der weitere Verdauungstrakt unterscheidet sich nicht von dem anderer Tierarten.

> **Vorboten für Verdauungsstörungen**
>
> Hinweise auf das Nährstoffverhältnis des verabreichten Futters ergeben sich aus der Beobachtung der Tiere:
>
> - Nachlassende Futteraufnahme, langsames Wiederkäuen und Mattigkeit des Tieres sind die ersten Symptome einer gestörten Pansenflora.
> - Im weiteren Verlauf wird der Kot weich. Der normale Schafkot ist in Klümpchen geformt. Eine Abweichung von dieser Form zu größeren und breiigen Haufen ist ein untrügliches Zeichen, dass der Verdauungstrakt belastet und das Schaf gefährdet ist.

Verdauungsstörungen. Die Stoffwechselvorgänge im aufwendigen Magensystem sind natürlich komplizierter, als hier mit wenigen Sätzen dargestellt werden kann. Vor allem der Pansen, Lebensraum zahlloser Mikroorganismen, ist sehr störanfällig. Die Kleinstlebewesen können nur in einem Milieu leben, dessen Säuregrad mit einem pH-Wert zwischen 6,2 und 7 konstant bleibt. Wird eine artgerechte Fütterung vernachlässigt, kann sich das verhängnisvoll auswirken.

Eiweißreiche, rohfaserarme Futtermittel wie Getreide und Ölsaatenrückstände, junges Grün, Rübenblätter, Klee oder überdüngtes Weidefutter verursachen Verdauungsstörungen, wenn sie in größeren Mengen (zum Beispiel zur Leistungssteigerung) verfüttert werden. Mangels Raufutter wird der Reflex zum Wiederkäuen nicht ausgelöst. Unterbleibt das Wiederkäuen, wird zu wenig Speichel produziert und der Panseninhalt übersäuert. Dadurch sterben die Mikroorganismen ab und die Abläufe im Verdauungstrakt geraten ins Stocken. Schaumige Gärung bläht den Pansen auf und führt in schweren Fällen zum Tode (Trommelsucht).

Bei einem Futterwechsel stellen sich Pansenflora und Magendrüsen erst allmählich auf das neue Futter ein. Deshalb sollten Sie besonders im Frühjahr den Wechsel von der langen Winterfütterung mit vorwiegendem Heuanteil nur langsam vornehmen. Eine Zeit lang muss die Grasfütterung mit langsam abnehmenden Gaben an Raufutter ausgeglichen werden.

Futtermittel

Grünfutter

Grünfutter ist die Grundnahrung des Schafes in der Vegetationszeit. Die Beweidung beginnt im Allgemeinen Mitte April, wenn der Aufwuchs die Höhe einer Handbreite erreicht hat. Der Übergang von der winterlichen Stallfütterung vorwiegend mit Heu zum Grünfutter muss langsam vor sich gehen. Das junge, saftige Grün ist sehr eiweißhaltig und rohfaserarm, vor allem wenn ein reicher Kleebesatz vorhanden ist. Die Schafe fressen dann meist gierig. Da sich die Pansenflora nur allmählich auf das veränderte Futterangebot umstellen kann, sollte vor dem Austrieb zum Ausgleich reichlich Heu, Stroh oder auch Trockenschnitzel gefüttert werden. Am ersten Tag lässt man die Tiere nur einige Minuten und weitere 7 bis 14 Tage auch nur stundenweise oder halbtags weiden.

Während des winterlichen Stallaufenthaltes können Sie den Tieren an schneefreien Tagen auch frisch geschnittenes, aber ungefrorenes Grünfutter anbieten. Hierfür empfliehlt sich der Anbau der frostverträglichen Serradella.

Weideflora. Durch intensive Bewirtschaftung sind viele Wiesen leider zu Monokulturen weniger Gräser verarmt, in denen sich vor allem unerwünschte Weidekräuter wie Rasenschmiele, Sauergräser und Seggen oder Wiesenstorchschnabel, Hahnenfuß, Disteln und Ampfer vermehren.

Raufutter

Schafe lieben Weidegründe mit einem vielfältigen Angebot an nahrhaften Gräsern, Leguminosen und Kräutern:

- → Weidel-, Liesch- und Knaulgras, Wiesenschwingel und Wiesenrispengras;
- → Weiß-, Rot-, Hornschoten- und Gelbklee, Luzerne, Esparsette und Serradella, Vogelwicke und Erbsen-Wicken-Gemenge.
- → Wildkräuter, deren besonders wertvoller Gehalt an ätherischen Ölen, Enzymen, Vitaminen, Gerb- und Bitterstoffen wesentlich zur Belebung und Förderung des Stoffwechsels, des Blutkreislaufes, der Drüsenfunktionen und der Verdauung beiträgt.

Im Winter ist Heu die wichtigste Futtergrundlage mit gutem Nährstoffausgleich und einem hohen Rohfasergehalt. Ein aus hervorragenden Pflanzenbeständen gewonnenes Heu versorgt die Tiere mit allem, was sie benötigen. Die Tiere fressen es gerne, sie bleiben gesund, verfetten nicht und bringen mit Leichtigkeit einen guten Ertrag an Fleisch, Milch und Lämmern.

Heuqualität. Heu ist aber nicht gleich Heu. Sowohl beim Zukauf von Heu als auch bei der eigenen Ernte ist die Qualität von entscheidender Bedeutung. Qualitätseinbußen betreffen nicht nur die Nährstoffe, sondern auch Geruch und Geschmack. Je mäßiger die Heuqualität und somit auch die Heuaufnahme der Schafe ist, desto mehr Kraftfutter muss zugefüttert werden. Das ist nicht nur teuer, sondern entspricht auch nicht den ernährungsphysiologischen Grundsätzen. Was führt aber zu minderer Heuqualität?

- → Bei zu später Mahd ändern sich mit fortschreitendem Wachstum Verdaulichkeit und Nährstoffgehalt. Der Rohfasergehalt steigt, Energie- und Eiweißgehalt gehen zurück.
- → Wenn das Heu bei der Bodentrocknung verregnet, werden wertvolle Nährstoffe ausgewaschen.
- → Durch unsachgemäßes Wenden der Mahd gehen die feinen Blätter nahrhafter Kräuter und Leguminosen verloren.
- → Eine Wiese mit geringem Pflanzenbestand kann auch kein hervorragendes Heu liefern.

Ernte. Für die Heubereitung sind demnach einige wichtige Punkte zu beachten:

- → Geerntet wird das Heu, wenn die Pflanzen ihr Wachstum mit einem hohen Futterwert voll entfaltet haben. Das ist kurz vor der Blüte, beim ersten Schnitt gewöhnlich in den ersten Juniwochen. Der Tau muss abgetrocknet sein.

Frisch duftendes Heu muss man ja nicht sofort fressen...

→ Wird maschinell geschnitten, sollten Sie darauf achten, dass die Schnitt-Tiefe des Grases nicht unter 6 cm liegt (Streichholzschachtel-Länge). Je mehr Grünmasse am Schaft bleibt, desto schneller erholt sich die Pflanze.

Trocknung. Um schnell und mit möglichst wenig Verlusten zu trocknen, muss das Schnittgut so locker und luftig wie möglich gelagert werden. Das gelingt durch das Hochschichten auf ein Holzgerüst. Das etwa einen Tag angewelkte Futter wird, ohne dass dabei Zwischenräume entstehen, auf einen Drei- oder Vierbock-Reuter (Heuhütte, Schwedenreuter) mit einer abschließenden, dicht gepackten Kappe aufgesetzt. Der Regen kann somit außen ablaufen.

Auf die Allgäuer Heinze (einem 1,60 m langen Pfahl mit drei 80 cm langen Stäben, die durch gegenständig gebohrte Löcher im Abstand von 40 cm geschoben werden) kann zum Beispiel Klee oder Luzerne schon kurz nach der Mahd aufgesetzt werden.

Beim Bergen, je nach Wetterlage nach ein bis drei Wochen, verrät schon der würzige Duft, der sich durch eine leichte Gärung während der

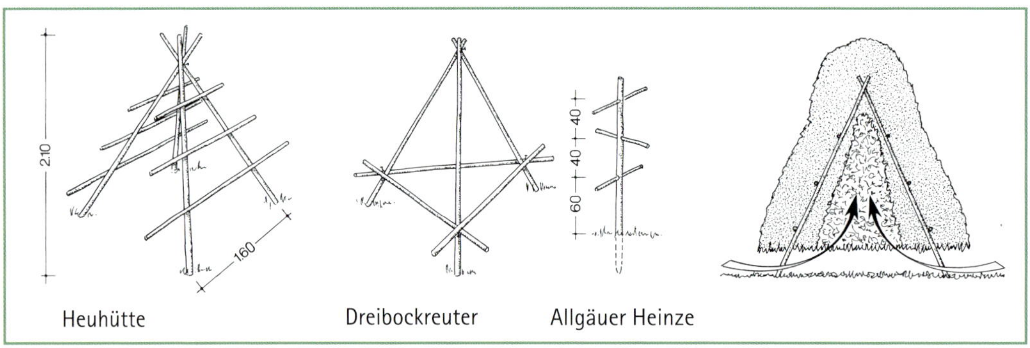

Für eine gute Durchlüftung muss beim Packen des Schnittgutes eine entsprechende Bodenfreiheit eingehalten werden.

Trockenzeit entfaltet hat, dass das Heu von sehr guter Qualität ist. Durch die wenigen Arbeitsgänge bleibt ein hoher Blattanteil erhalten.

Optimale Fütterung. Schafe sind zwar nicht ganz so wählerisch wie Ziegen, „abgestandenes" oder verunreinigtes Raufutter verschmähen sie aber auch. Eine bessere Raufutteraufnahme ohne große Rückstände erreichen Sie, wenn Sie

→ einwandfreies, blattreiches Heu ohne harte Stängel verfüttern;

→ unregelmäßiges Füttern vermeiden: Die Futterplanung sollte die Rhythmen des Wiederkäuers berücksichtigen;

- ➔ frisches, duftendes Heu wiederholt in kleineren Mengen anbieten. Vorratsgaben, die den Geruch von Stall- oder Atemluft angenommen haben, werden von den Schafen verschmäht;
- ➔ Raufen verwenden. In Krippen oder Futterkästen kann das Heu durch den Speichel der Tiere beeinträchtigt werden und es können sich Rückstände ansammeln.
- ➔ Das Futter für die Lämmer in einem abgesperrten Lämmerschlupf anbieten. Die Muttertiere bleiben so beim Fressen ungestört.

Frischfutter, Saftfutter

Schafe sind beim Futter zwar nicht so wählerisch wie beispielsweise Ziegen. Trotzdem sollte man die Futtergaben abwechslungsreich gestalten.

Schafe mögen eigentlich alles, was auf dem Feld und im Garten gedeiht. Einiges können Sie in die Futterrationen mit einbeziehen, anderes wird eher nebenbei ohne Berechnung zum Verwöhnen gegeben.

Wurzelfrüchte (Saftfutter). Futter-, Kohl- und Zuckerrüben sowie andere Wurzelfrüchte sind ein schmackhaftes Beifutter, das die Futterration belebt und auch einen Eiweißüberschuss auszugleichen vermag. Abgesehen davon sollte auch das erdhafte Organ der Pflanze in der Tiernahrung nicht fehlen.

Möhren und Rote Bete werden von den Schafen gern genommen. Im Garten angebaut, gehören sie zu den Verwöhn-Portionen. Durch ihren hohen diätischen Wert wird die Fruchtbarkeit und vor allem die Jungtier-Entwicklung gefördert sowie dem Wurmbefall vorgebeugt.

Gemüseabfälle und gefallenes Kernobst können zur Futterabwechslung gegeben werden, sie müssen aber frisch und sauber sein. Kartoffelschalen sollten vor dem Verfüttern abgekocht werden. Vom Verfüttern roher Kartoffeln wird dagegen wegen der möglichen Gefahr des giftigen Solanins abgeraten.

Ihren Mineralstoffbedarf können Schafe auch durch Lecksteine ergänzen.

Kraftfutter, Zusatzfutter

Eiweißreiche Futtermittel wie Hafer, Gerste, Mais, Hülsenfrüchte, Weizenkleie, Sojaschrot oder melassierte Trockenschnitzel mit einem hohen Nährstoffgehalt können als Zusatzfutter verabreicht werden, wenn der jeweilige Leistungszustand es erforderlich macht oder wenn der Nährstoffbedarf durch mangelhaftes Grün- und Raufutter nicht gedeckt werden kann. Es ist jedoch widersinnig, ausgerechnet Schafen, die darauf eingestellt sind, nährstoffarmes Futter vorzüglich zu verwerten, Kraftfutter in größeren Mengen zuzuteilen, um

Schafe brauchen relativ wenig Wasser. Dieses muss jedoch von einwandfreier Qualität sein.

damit Leistungssteigerungen zu erreichen. Hohe Eiweißaufnahmen beschleunigen nämlich die Gärungsprozesse im Pansen, was in der Folge zu erheblichen Verdauungsstörungen führen kann. **Mineralstoffe.** Die für die Lebensprozesse besonders während des Wachstums, der Trächtigkeit und der Laktation benötigten Mineralstoffe müssten eigentlich im naturbelassenen Futter ausreichend enthalten sein. In Hinblick auf die zunehmenden Qualitätsverluste jeglicher Futtermittel sollten Sie dem Futter jedoch handelsübliche Mineralstoffmischungen beigeben. Diese versorgen die Tiere garantiert mit allen lebensnotwendigen Mineral- und Nährstoffen wie Salz, Kalzium und Phosphor. In Zeiten ohne Zufütterung kann der Mineralstoffbedarf der Tiere auch durch Mineralsalz-Lecksteine gedeckt werden, die Sie auf der Weide oder im Unterstand anbringen können.

Tränke

Der Wasserbedarf von Schafen lässt sich nicht genau errechnen, da die Wassergehalte im Futter, die Lufttemperatur und die Luftfeuchtigkeit dabei eine Rolle spielen.

Auf der Weide brauchen Schafe verhältnismäßig wenig Wasser. Bei Tau, Regen und dem 80 %igen Wassergehalt des Weidefutters können Tiere, die keine Milch geben, auch ohne Wasser auskommen. Aber in Perioden, in denen kaum Niederschläge fallen oder an heißen Sommertagen ist das Tränken unumgänglich. Besonders dann, wenn säugende Lämmer vorhanden sind, muss das Schaf täglich bis zu zwei Liter Wasser erhalten.

Bei reiner Heu- und Kraftfutterfütterung liegt der Tagesbedarf eines Schafes bei drei bis sechs Liter Wasser. Es kann in Plastik- oder Zinkeimern beziehungsweise in speziellen Tränkebecken („Selbsttränken") angeboten werden. Wichtig ist die Wasserqualität. Schafe haben ein feines Gespür für verunreinigtes Wasser. Deshalb sollten Sie täglich das Restwasser ausschütten, das Trinkgefäß reinigen und kaltes, frisches Wasser nachfüllen.

Bewertung der Futtermittel

Jeder Organismus braucht für seinen Aufbau Eiweiß (Proteine) und für seine Leistungen Energie (Kohlenhydrate, Rohfaser). Die DLG-Futterwerttabellen für Wiederkäuer vermitteln einen Überblick über die Nährstoffgehalte verschiedener Futtermittel. Sie sind 1997 neu herausgegeben worden, nachdem an die Stelle der bisherigen Bewertung nach Stärkeeinheiten ein besser fundiertes Bewertungssystem getreten ist, das die Werte für die umsetzbare Energie vermittelt.

Die umsetzbare Energie (ME) ist die Differenz aus der mit dem Futter aufgenommenen Bruttoenergie und der Energieausscheidung in Form von Kot, Harn und Gärungsgasen. Die Tabellen können lediglich eine Hilfe sein zum Kennenlernen verschiedener Futtermittel und deren Stoffverhältnissen sein. Nur durch ausreichende Kenntnisse lassen sich schwerwiegende Fütterungsfehler vermeiden, da sowohl eiweiß- als auch energiereiche Futtermittel für alle Wiederkäuer hinsichtlich der Pansenverdauung von besonderer Bedeutung sind.

Rohfaser und Eiweiß. Aufgrund ihrer Abhängigkeit von den Mikroorganismen des Pansens sind Wiederkäuer auf ein ausgeglichenes Verhältnis von Energie zu Eiweiß in der Nahrung angewiesen. Die unterschiedlichen Werte energie- (rohfaser-) oder eiweißreicher Futtermittel lassen sich in der Tabelle gut ablesen. So hat das eiweiß- und kleereiche Grünfutter im Gegensatz zum rohfaser- und strohreichen Grünfutter einen niedrigeren Rohfasergehalt (XF) und dafür einen höheren Gehalt an nutzbarem Eiweiß (nXP). Entsprechend höher oder niedriger sind

Beispiele für den Nährstoffgehalt einiger Futtermittel (DLG 1997)

Futtermittel	je kg Trockenmasse			
	T g	XF g	nXP g	ME MJ
Grünfutter, eiweiß- und kleereich	180	229	145	10,79
Grünfutter, rohfaser- und strohreich	180	247	139	10,45
Luzerne in der Knospe	170	238	141	9,83
Heu, klee- und kräuterreich (1.Schnitt)	860	297	116	8,84
Haferstroh	860	440	80	6,74
Mohrrüben	110	93	150	12,15
Futterrüben, gehaltvoll	150	64	149	11,96
Obsttrester (Apfel)	220	216	115	9,68
Trockenschnitzel (Zuckerrübe)	900	145	145	12,47
Melasseschnitzel (16 % Zucker)	910	157	164	12,09
Hafer	880	116	140	11,48
Gerste	880	57	164	12,84
Mais	880	26	164	13,29
Weizenkleie	880	134	140	9,92
Ackerbohnen	880	89	195	13,62

T = Trockengewicht je kg Futter
XF = Rohfasergehalt
nXP = nutzbares Eiweiß
ME = umsetzbare Energie

Zur Beurteilung der Futtermittel helfen folgende Angaben in den Futterwerttabellen:

- die Trockenmasse (T) je kg Futter (Gewicht des Futters ohne Wassergehalt), von der ein 50 kg schweres Schaf etwa 2 kg aufnimmt, das sind 10 kg Gras (~20 % T) oder 2,2 kg Heu (~90 % T);
- der Rohfasergehalt (XF), der in der Gesamtfutterration mindestens 20 % betragen muss, um die Pansenverdauung zu aktivieren;
- das nutzbare Rohprotein (nXP) als Eiweißkomponente;
- die umsetzbare Energie (ME) für die aufbauenden Prozesse, Maßeinheit Mega-Joule (MJ).

Zusätzlicher Bedarf an Rohprotein für alle Gewichte

bei niedertragender Trächtigkeit	35 g
hochtragend, 1 Lamm (letzte 6 Wochen)	65 g
hochtragend, 2 Lämmer (letzte 6 Wochen)	100 g
für Laktation 1.- 8. Woche, 1 Lamm	140 g
für Laktation 9.- 16. Woche, 1 Lamm	80 g
für Laktation 1.- 8. Woche, 2 Lämmer	195 g
für Laktation 9.- 16. Woche, 2 Lämmer	110 g

auch die Werte für die umsetzbare Energie (ME). Besonders deutlich fallen die Unterschiede zwischen Haferstroh und Ackerbohnen auf.

Die Futteraufnahme hängt ab von der Güte, der Struktur und der Verdaulichkeit des Futters und kann stark schwanken. So hilfreich Futterberechnungen und Empfehlungen sein können, die Prüfung des vorrätigen Futters ist trotzdem unerlässlich. Letztlich bestimmen Aussehen, Griff, Geruch und Geschmack das Maß der Rationen.

Im Zweifel kann der bei den Landwirtschaftkammern beziehungsweise Landwirtschaftsämtern zuständige Futtermittelberater gebeten werden, das Futter auf seine Beschaffenheit und die jeweils zugewiesene Menge hin zu beurteilen und entsprechende Empfehlungen auszusprechen.

Futterrationen

Musterrationen

Anhand der in der Futterwerttabelle angegebenen Nährstoffgehalte und Empfehlungen zur täglichen Versorgung lassen sich Rationen mit den Mindestgehaltsstoffen zusammenstellen

ME = umsetzbare Energie
XP = Eiweiß

Empfehlungen zur täglichen Energie- und Eiweißversorgung von Mutterschafen mit Gewichten zwischen 50 und 80 kg

Gewicht	50 kg		60 kg		70 kg		80 kg	
	ME	XP	ME	XP	ME	XP	ME	XP
Erhaltungsfutter	8	60	9	70	10	80	12	90
hochtragend mit 1 Lamm	11		12		13		15	
hochtragend mit 2 Lämmern	15		16		17		18	
Milchmenge 1 kg/Tag	16		17		18		20	
Milchmenge 2 kg/Tag	24		25		26		28	
Milchmenge 3 kg/Tag	32		33		34		35	

beziehungsweise ein Überblick gewinnen, in welchem Maße die Versorgung entsprechend des Gewichtes oder der Lebensphasen gesteigert werden muss.

Praktisch und daher immer noch die gängige Methode: Das Futter wird mit Futterschaufeln abgemessen.

Kraftfuttermischungen

Außer der Grundnahrung (Grün- und Raufutter) zur beliebigen Aufnahme werden einfache Mischungen aus Hafer, Gerste, Mais, Weizenkleie oder Trockenschnitzel zusammengestellt. Hafer gehört wegen seines hohen Rohfasergehaltes und seines hochwertigen Eiweißes zu den für die Fütterung am besten geeigneten Kraftfuttermitteln. Getreide muss gebrochen werden, fein geschrotet beeinflusst es die Schmackhaftigkeit. Gewöhnlich wird gequetschtes Getreide verwendet und mit Trockenschnitzeln oder Weizenkleie (beides eingeweicht) erdfeucht gemischt.
In der Praxis wird nach altbewährten Methoden gefüttert, und zwar mit Futterschaufeln, die es in Größen von ein oder zwei Liter Fassungsvermögen gibt. Dabei werden verhältnismäßig einfache Futterrationen zusammengestellt, die Sie aber natürlich gelegentlich variieren können.

Praktische Fütterung

Während güste (trockene, nicht milchgebende) Tiere nur Futter brauchen, um eine gute körperliche Verfassung zu erhalten (Erhaltungsfutter), müssen trächtige oder milchgebende Muttertiere besser ernährt werden, um die erhöhten Energieleistungen auszugleichen (Leistungsfutter). Gleichermaßen muss das Wachstum der Lämmer bei Milchmangel oder dürftiger

Beispiele verschiedener Kraftfuttermischungen mit abnehmendem Energie-Eiweiß-Verhältnis je kg Kraftfutter

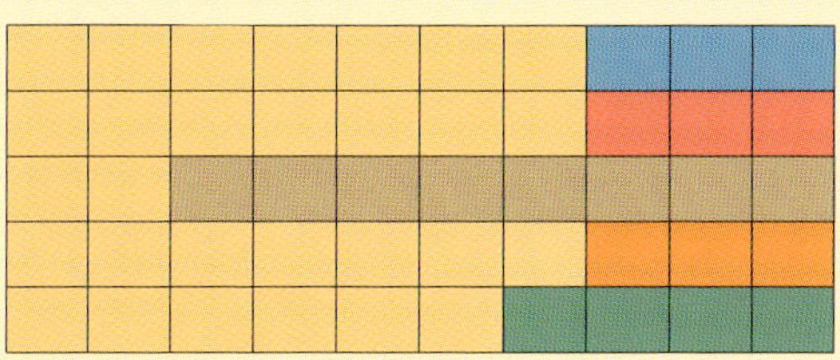

Nr.	Kraftfuttermischung	XF/nXP	
1		89/147	1:1,7
2		98/147	1:1,5
3		138/159	1:1,2
4		125/142	1:1,1
5		124/110	1:0,9

Gerste
Weizenkleie
Melasseschnitzel
Mais
Trockenschnitzel
Hafer

XF = Rohfasergehalt
nXP = nutzbares Eiweiß

Gewichte einzelner Futtermittel		
1 Liter	Hafer	450 g
1 Liter	Weizen	750 g
1 Liter	Gerste	600-650 g
1 Liter	Trockenschnitzel	320-350 g
1 Liter	Trockenschnitzel perliert	750 g
1 Liter	Ackerbohnen-, Sojaschrot	750 g
1 Esslöffel	Mineralfutter	20 g

Beispiel für eine Kraftfutterration im Winter (Mischung Nr.3)			
200 cm^3	Hafer	450 g / Liter	90 g
100 cm^3	Gerste	650 g / Liter	65 g
700 cm^3	Trockenschnitzel	350 g / Liter	245 g
1000 cm^3	= 1 l		400 g
200 cm^3	aller Futtermittel		80 g

Weide mit kräftigen Futterrationen unterstützt werden (Aufzuchtfutter).

Zur Berechnung der Futtermittel-Rationen kann die nebenstehende Aufstellung dienen. Sie gibt an, wie schwer eine bestimmte Menge eines Futtermittels ist.

Erhaltungsfutter. Eine gute Weide deckt den täglichen Bedarf, doch sollte auch Heu ständig zur Verfügung stehen. Schafe wissen instinktiv, wann sie es brauchen, sei es für den Nährstoffausgleich bei einem satten Frühjahrsaufwuchs, sei es zur Futterabwechslung oder bei dürftigem Weideaufwuchs.

Art und Maß des Winterfutters hängt von der Heuernte ab. War sie gut und reichlich, können Sie es mit der Raufuttergabe bewenden lassen. Die Tiere freuen sich jedoch auch über eine Abwechslung. Bei schlechter Ernte müssen Sie entsprechend zufüttern. Als Orientierungshilfe: Über den Winter bekommt jedes Tier am Tag zwei Hände voll, also rund 1/5 Liter Kraftfutter.

Leistungsfutter. Das Futter muss um so gehaltvoller sein, je höher die Belastungen durch den jeweiligen Zustand der Tiere sind. Während in den ersten Monaten der Trächtigkeit das Erhaltungsfutter ausreicht, muss in den letzten sechs bis acht Wochen vor dem Ablammen mit langsam steigenden Mengen kräftiger zugefüttert werden. In dieser Zeit hat die Futterversorgung den größten Einfluss auf das Geburtsgewicht der Lämmer. Durch eine zu gut gemeinte Fütterung kann allerdings das Ungeborene so schwer werden, dass es zu Schwierigkeiten beim Ablammen kommen kann. Wegen des eingeengten Verdauungsraumes sollte von einer Fütterung mit Rüben möglichst abgesehen werden. In der Säugezeit muss die Futtergabe entsprechend der Zahl der Lämmer weiter gesteigert werden.

Milchschafe haben eine lange Leistungsphase. Entweder sie sind trächtig oder sie werden gesäugt beziehungsweise gemolken. Die Milch „strömt" aber nur, wenn gut gefüttert wird. Der Hobbyhalter strebt aber sicher keine Höchstleistungen von 1400 kg an, sondern begnügt sich mit realistischen

Beispiele für Futterrationen je Tier (50–60 kg) und Tag
Kraftfuttermischung Nr. 3 (40 g entsprechen etwa 1 Handvoll)

Erhaltung	hochtragend	1 Lamm	2 Lämmer	1 kg Milch	2 kg Milch
80 g	120 g	160 g	240 g	160 g	240 g
200 cm^3	300 cm^3	400 cm^3	600 cm^3	400 cm^3	600 cm^3

Gehaltvolles Raufutter wird in einer größeren Freilandraufe bereitgestellt und ergänzt den Nahrungsbedarf einer Moorschnuckenherde. Das ist vor allem während der Beweidung einer noch spärlichen Vorfrühlingsweide wichtig.

Mengen von etwa 600 kg Milch im Jahr. Das sind im Mittel der gesamten Laktationsdauer von etwa 300 Tagen 2 kg je Tier und Tag.

Aufzuchtfutter. In der angestrebten naturgemäßen Haltung ist Mastfutter, mit dem in kurzer Zeit ein hohes Mastendgewicht erzielt werden soll, kein Thema. Gesunde Weidelämmer erbringen auch ohne spezielles Mastfutter eine hervorragende Fleischqualität.

In einigen Fällen ist ein Aufzuchtfutter mit einem relativ engen Eiweiß-Energie-Verhältnis allerdings unerlässlich: Mutterlose Lämmer, Problemlämmer (Dritt- und Viertlämmer) oder solche, die wegen mangelnder Milch nicht satt werden, erhalten drei- bis fünfmal täglich etwa 200 bis 300 ml Milchaustauscher (siehe Seite 67) je Mahlzeit (200-225 Gramm pro Liter Wasser). Nach etwa zehn Tagen werden dazu gutes Heu und geringe Mengen Kraftfutter gegeben, die bis zum Absetzen des Milchaustauschers stetig bis auf etwa 65 g je Tag gesteigert werden. Süße Melasseschnitzel werden besonders gerne gefressen und tragen wesentlich zur frühen Aufnahme von „fester Kost" bei.

Bei dürftiger Weide mit fehlendem Lämmerschlupf bekommen auch Sauglämmer nach dem Absetzen Aufzuchtfutter, an das sie behutsam gewöhnt werden müssen und das nach und nach zunehmend 0,5 Liter nicht übersteigen sollte.

Beurteilung des Futterzustands. Nachlassende Futteraufnahme, langsames Wiederkäuen oder Mattigkeit können auf einen Ernährungsmangel hindeuten. Doch vor allem ist die körperliche Beschaffenheit (der Konditionswert) aufschlussreich. Man tastet das Schaf im Bereich der Lendenwirbel ab. Bei normaler Kondition dürfen die (oberen) Dorn- und die (seitlichen) Querfortsätze der Lendenwirbel gerade nicht mehr zu fühlen sein. Kann man sie auch unter Druck nicht mehr ertasten, hat sich eine Fettablagerung gebildet, die wieder abgebaut werden muss.

Zufütterung

Was und wieviel zugefüttert wird, ist von der Qualität des Futters und dem Befinden der Tiere (Trächtigkeit, Laktation) abhängig. Sowohl die Beurteilung des Futters als auch die ständige Beobachtung der Tiere sind daher unerlässlich.

Beispiele für Aufzuchtfutter-Rationen in besonderen Fällen
Kraftfuttermischung Nr. 3 (40 g entsprechen etwa 1 Handvoll)

	Absetzen nach	Gewicht	Aufzuchtfutter
Tränklämmer/ Sauglämmer	6-8 Wochen	15 kg	40 g zunehmend bis 80 g
Milchschafe	10-13 Wochen	25 kg	80 g zunehmend bis 160 g
Fleischschafe	16-20 Wochen	35 kg	160 g

Schwarzköpfiges Fleischschaf

Die Schwarzköpfe haben einen schwarz pigmentierten Kopf mit einer ausgeprägten Wollhaube und schwarze Beine. Die kräftigen Ohren stehen seitwärts vom hornlosen Kopf ab. Das Vlies ist weiß. Die Lämmer werden mit einem schwarzen Fell geboren, das sich allmählich weiß färbt.

Das Fleischschaf ist wegen seines ruhigen, manchmal eher trägen Charakters gut für die Koppelhaltung geeignet. Es zeichnet sich durch eine sehr gute Schlachtkörperqualität und ein gutes Ablammergebnis aus. Die Lämmer sind frühreif und sollten zeitig geschlachtet werden, um einer möglichen Verfettung vorzubeugen.

Das Schwarzköpfige Fleischschaf war die erste durch Kreuzung mit englischen Fleischrassen auf Fleischleistung gezüchtete Rasse, nachdem die Wollpreise stark zurückgingen.

	♂	♀
Widerristhöhe (cm)	80–90	75–80
Gewicht (kg)	100–130	70–90

Scottish Blackface

Das mittelgroße, mischwollige Schaf mit gedrungenem, gut bemuskeltem Körperbau hat einen breiten, ramsnasigen und gehörnten Kopf, der wie die Beine weiß und mit mehr oder weniger großen schwarzen Flecken gefärbt ist. Anpassungsfähigkeit und Anspruchslosigkeit zeichnen die Rasse aus. Sie sind unempfindlich gegen Kälte und Regen. Die Tiere eignen sich vorzüglich für die Landschaftspflege, zumal sie auch dorniges Gehölz verbeißen und ganzjährig draußen gehalten werden können. Das Fleisch ist bei guter Schlachtausbeute zart und schmackhaft.

Die Scottish Blackface zählen zu den britischen Hochlandschafrassen. Mit rund 30 % des britischen Gesamtbestandes ist es dort die am weitesten verbreitete Rasse. In Deutschland werden sie relativ selten gehalten.

	♂	♀
Widerristhöhe (cm)	70	65
Gewicht (kg)	90–100	60–70

Shropshire

Das mittelgroße Fleischschaf hat einen kompakten, fleischbetonten Körperbau mit weißer Wolle. Die Schnauze, Ohren und Beine sind dunkelbraun bis schwarz. Der Kopf ist stark bewollt, nur die Schnauze ist von der Augenlinie abwärts glatt behaart.

Shropshire sind robust, anspruchslos und anpassungsfähig. Sie eignen sich besonders zur Pflege von Nadelbaum-Kulturen, da sie keine Nadeln fressen. Die frühreifen Lämmer haben eine gute Schlachtkörperqualität mit schmackhaftem Fleisch. Die Fruchtbarkeit liegt bei 150 %.

Schon Ende des 19. Jahrhunderts wurden sie in Mecklenburg-Schwerin eingeführt, bis sie von den Merinos wieder verdrängt wurden. Die Dänen importierten sie im großen Stil zur Pflege ihrer Weihnachtsbaumkulturen. In Deutschland werden sie seit einiger Zeit zu gleichen Zwecken eingesetzt.

	♂	♀
Widerristhöhe (cm)	70–75	65–70
Gewicht (kg)	80	60–70

Skudde

Das kleine schlichtwollige Schaf ist weiß und hat einen relativ großen Kopf mit auffallend kleinen Ohren. Während die Böcke gewundene Hörner tragen, sind die weiblichen Tiere hornlos. Lämmer werden schwarz geboren. Der kurze Schwanz ist im unteren Teil behaart.

Die zähen und genügsamen Tiere sind hervorragend für die Landschaftspflege geeignet. Das Ablammergebnis beträgt 130 %. Wegen der asaisonalen Brunst sind zwei Ablammungen im Jahr möglich. Das Fleisch hat einen vorzüglichen Geschmack.

Die bodenständige Landrasse, die in Ostpreußen und dem Baltikum beheimatet ist, gehört zur Gruppe der kurzschwänzigen nordischen Heideschafe. Der Name Skudde kommt von „Kosse" und bedeutet soviel wie „ärmlich".

	♂	♀
Widerristhöhe (cm)	55–60	45–50
Gewicht (kg)	50–55	40–45

Nachwuchs

> *Wir halten Schafe nicht nur wegen des Nutzens, der delikaten Lammgerichte, der Wolle, Milch und Felle, sondern weil wir Freude an den Tieren und dem Umgang mit ihnen haben.*

Der Kauf eines im Frühjahr abgesetzten Lammes, das dann als Mastlamm im Herbst geschlachtet wird, ist nicht Thema dieses Buches. Wer die Tiere in seinen Lebensbereich einbezieht, lässt sie auch ihre natürlichen Lebensrhythmen ausleben. Dazu gehört auch alles rund um das Thema Nachwuchs.

Zucht

Dennoch sollten Sie die Sorge um den Nachwuchs nicht einfach dem Zufall überlassen. Denn dann kann es passieren, dass es im Verlauf von wenigen Generationen zu Ertragseinbußen kommt. Vor allem bei den Schafen, die im besonderen Maße Milch und Fleisch liefern, sollten Sie eine gezielte Vererbung anstreben, um die bisher erreichten Leistungen zu erhalten und möglichst noch zu verbessern.

> Neben dem Erhalt der Rasse werden als Zuchtziele folgende positive Eigenschaften angestrebt:
> - gute Futterverwertung,
> - Widerstandsfähigkeit (Robustheit),
> - Langlebigkeit,
> - hohe Milchleistung beziehungsweise
> - gute Fleischleistung.

Zwingend geboten ist eine gezielte Zucht aber auch bei den Tieren, bei denen weniger die Leistung als vielmehr die besondere Rasse gefragt ist: Hier gilt es die rassetypischen Merkmale zu sichern und die Art zu erhalten. Das setzt aber besonders bei den selten gehaltenen und gefährdeten Rassen hohe Anforderungen voraus. Wenn nur wenige Haltungen einer dieser Rassen weit auseinander liegen, ist es unter Umständen schwierig, immer wieder „frisches Blut" einzupaaren und damit Inzuchten zu vermeiden.

Zuchtbuch

Die jeweiligen Landes-Schafzuchtverbände (Adressen ab Seite 92), die in der Vereinigung Deutscher Schafzuchtverbände (VDL) zusammengefasst sind, betreuen die Rassen und führen das Zuchtbuch, in das alle Zuchtvorgänge, Abstammungen und Leistungen eingetragen werden. Aufge-

Das Aufwachsen von jungen Tieren mitzuerleben, kann bei Kindern den verantwortungsbewussten Umgang mit dem Tier fördern.

Abstammungsnachweis

Wer sich für den Erwerb einiger Schafe interessiert und auf eine wünschenswerte Reinzucht Wert legt, sollte sich von dem zuständigen Landesverband beraten lassen, um böse Überraschungen auszuschließen. Durch die Tätowierung der Herdbuchnummer können Sie sofort erkennen, ob das Schaf in das Herdbuch eingetragen ist. Näheres lässt sich dann beim zuständigen Verband erfragen.

nommen werden nur Tiere, deren Abstammung bis zu den Großeltern zurückverfolgt werden kann und solche, die die im Zuchtprogramm aufgeführten Mindestbedingungen hinsichtlich des Rassestandards und der Leistungen erfüllen. Der Verband setzt Mindestleistungen nach der Eigenart der einzelnen Rassen fest. Zu bestimmten Terminen werden die Fleischleistung und der Rassestandard bewertet und in das Zuchtbuch eingetragen. Sind sie mindestens ausreichend, kann mit dem betreffenden Tier weitergezüchtet werden.

Kennzeichnung. In der Herdbuchzucht werden Schafe zur Abstammungssicherung dauerhaft gekennzeichnet. Besser als Ohrmarken, die verloren gehen oder bei Diebstahl entfernt werden können, sind Tätowierungen in den Ohren oder an den Innenschenkeln mit der eingetragenen Herdbuchnummer.

Fortpflanzung

Bei den Rassen mit saisonalem Brunstverhalten ist die Fortpflanzungszeit in jahreszeitliche Rhythmen eingeflochten. Brunst, Trächtigkeit und Ablammen verlaufen zeitlich so, dass die Lämmer in das üppige Nahrungsangebot des Frühjahres hinein- und mit den zunehmenden Sonnenkräften aufwachsen können.

Als äußere Brunstzeichen gelten

- → häufiges Blöken,
- → gehäuftes Kot- und Harnabsetzen,
- → Rückwärtsschauen,
- → Unruhe,
- → häufiges Schwanzwedeln,
- → Schwellung und Rötung der Schamlippen,
- → Aufenthalt in der Nähe des Bockes.

Geschlechtsreife

Bocklämmer beginnen sich bereits im Alter von drei bis fünf Monaten für das andere Geschlecht zu interessieren. Da sie dann leicht Unruhe in die Herde bringen, sollten sie gesondert gehalten oder kastriert werden. Die Deck- und Befruchtungsfähigkeit erreichen sie je nach Rasse und Ernährung mit 4 bis 12 Monaten. Ein paar Monate später, im Alter von 7 bis 15 Monaten, werden die weiblichen Tiere (Kilberlämmer) geschlechtsreif.

Fruchtbarkeit

Im Allgemeinen sind Schafe recht fruchtbar. Das Ablammergebnis beträgt bei einer normalen Haltung im Durchschnitt der Lebensjahre und der Rassen 150 bis 200 %. Milchschafe lammen in der Regel mit Mehrlingen ab. Ab 8 Jahren nimmt die Fruchtbarkeit merklich ab, obwohl die Lebenserwartung bei etwa 15 Jahren liegt.

Paarungszeit

Die Paarungszeit wird durch die Sonnenrhythmen des Jahres gesteuert. Sie beginnt im August bis September, wenn die Tage zum Herbst hin deutlich kürzer werden, und lässt mit wieder spürbar zunehmender Tageslichtlänge nach.

Brunst

Die so genannte hitzige Phase dauert etwa 30 bis 36 Stunden. Sie lässt sich meist an dem auffälligen Verhalten der Muttertiere erkennen. Ist der Bock bei den Schafen, ist es nicht so wichtig, bei den einzelnen Tieren auf Brunstzeichen zu achten.

Deckakt

Die günstigste Zeit für das Decken ist etwa zwölf Stunden nach Auftreten der Brunstsymptome. Eine zweimalige Bedeckung im Abstand von einigen Stunden sichert den Erfolg. Wird die Paarungsbereitschaft übersehen oder ist der Deckakt erfolglos geblieben, wiederholt sich die Brunst nach etwa 17 bis 19 Tagen.

Bei frei laufenden Weidetieren vollzieht sich der Deckakt harmonischer und problemloser als wenn das brünstige Schaf zum Bock geführt wird. Das naturgemäße Umfeld, die unbefangene Befindlichkeit, eine vorausgehende gegenseitige Stimulierung der Partner sowie der Sprung zum optimalen Belegungszeitpunkt gewährleisten ein gutes Befruchtungsergebnis und lassen eine hohe Fruchtbarkeit erwarten.

Trächtigkeit

Schafe sind etwa 150 Tage trächtig. Zwillings- oder Mehrlingsgeburten haben eine um einige Tage kürzere Trächtigkeitsdauer. Erst in den beiden letzten Monaten werden 80 % des Geburtsgewichts gebildet, was durch eine entsprechende Zufütterung unterstützt werden muss (s. Seite 56).

Laktation

Die Milchabsonderung dauert 270 bis 300 Tage. Werden Schafe wieder trächtig, müssen sie bei anhaltender Laktation mindestens 60 Tage vor dem Ablammen durch reduziertes Melken trocken gestellt werden, damit sich das Euter rückbilden und regenerieren kann.

Um während der Trockenstellung nicht ganz ohne Milch zu sein, sollten Sie die gesamte Dauer der Deckzeit ausnutzen und ein Schaf am Anfang und ein anderes am Ende zum Bock lassen.

Geschafft! Bereits nach 10 bis 20 Minuten steht das Neugeborene auf den Beinen.

Geburt

Bei den robusten, winterharten Rassen ist die Ablammung auf der Weide ein natürlicher Vorgang, der selbst im Schnee problemlos vor sich geht. Der ständige Weidegang bei jedem Wetter lässt die Tiere abhärten. Durch das volle Eingebundensein in die Natur sind alle Voraussetzungen für ein ungefährdetes Geburtsgeschehen gegeben.

Aufgestallte Tiere sind dagegen nicht mehr so unmittelbar mit der Natur verbunden. In den allermeisten Fällen verläuft aber auch hier die Geburt ohne Komplikationen. Zur Absicherung sollten Sie jedoch einen fachkundigen Helfer oder Tierarzt zu Rate ziehen, denn die richtigen Verhaltensregeln bei einer Vielzahl von möglichen Fehllagen lassen sich nur durch praktische Unterweisungen erlernen.

Vorsorge und Geburtsphasen

Die tägliche Bewegung des trächtigen Tieres im Freien stärkt Muskeln, Herz und Lunge, beschleunigt dadurch den Geburtsverlauf und verringert das Auftreten von Fehllagen und Schwergeburten. Auf jeden Fall sollten daher die trächtigen Schafe wenigstens in den letzten sieben Wochen vor dem Ablammen täglich mindestens eine halbe Stunde im Freien zügig bewegt werden. Typische Schwergeburten sind fast ausschließlich darauf zurückzuführen, dass die Muskulatur wegen Bewegungsmangel die für den Geburtsverlauf notwendige Elastizität eingebüßt hat, so dass das Lamm ohne Geburtshilfe stecken bleiben muss.

Vorbereitungsphase. Die Lammbucht wird vor der Geburt gründlich gereinigt und mit frischem Stroh versorgt. Alle Holzelemente sollten mit biologischen Mitteln desinfiziert werden, um mögliche Infektionen frisch geborener Lämmer auszuschließen.

Da sich der Ablammtermin durch verschiedene Einflüsse verschieben kann und das hochtragende Tier ein großes Ruhebedürfnis hat, sollten Sie es bereits am 145. Tag nach der Bedeckung in die Box bringen. Spätestens aber dann, wenn die Anzeichen der Vorbereitungsphase erkennbar werden. Von diesem Zeitpunkt an bis zur Geburt des jungen Lammes sollte das Muttertier ständig beaufsichtigt werden.

Anzeichen der Vorbereitungsphase sind zum Beispiel:

- → Vergrößerung bis Prallwerden des Euters,
- → häufiges Niederlegen und Wiederaufstehen,
- → häufiges Harnen,
- → Rötung, Anschwellen und Schleimigwerden der Schamlippen.

Eröffnungsphase. In diesem Stadium wird der eigentliche Geburtsvorgang eingeleitet. Ruhe und das Vermeiden jeglicher Störung sind von nun an, bis die Geburt vollendet ist und die Mutter ihr Lamm durch Ablecken angenommen hat, oberstes Gebot. Grelles Licht, lautes Sprechen, hastige Bewegungen oder fremde Personen können die Geburt um Stunden verzögern und das Risiko von Fehl- und Totgeburten ansteigen lassen.

Mit dem Einsetzen der Wehen wird der Geburtsweg durch das Hindurchpressen der Fruchtblase erweitert, die sichtbar wird und auf keinen Fall aufgestochen werden darf.

Austreibungsphase. Etwa 20 Minuten nach Erscheinen der Fruchtblase wird das Lamm geboren. Bei einer normalen Geburt kommt das Lamm in Vorderendlage zur Welt, mit dem auf den Vorderbeinen liegenden Kopf und ausgestreckten Hinterbeinen. Die Lage ist an der Stellung der zuerst erscheinenden Klauen zu erkennen, die man von oben sieht. Bei Steißgeburten (Hinterendlage) treten die Hinterbeine mit nach oben zeigenden Sohlen aus.

Geschieht etwa 60 Minuten nach Erscheinen der Fruchtblase noch gar nichts oder wird das Lamm nicht vollends ausgetrieben, ist unverzüglich der Tierarzt zu benachrichtigen. Sicherheitshalber sollten Sie ihn – zumindest bei Ihrer ersten Lammung oder der Erstgeburt eines Tieres – schon früher konsultieren.

Werden mehrere Lämmer geboren, wiederholt sich der Geburtsvorgang nach 10 bis 20 Minuten.

Die Mutter leckt ihr Lämmchen ab und baut so eine enge Beziehung auf.

Nachgeburt. Gibt es keine Schwierigkeiten, kümmert sich das Mutterschaf sofort um das neugeborene Lämmchen und leckt es ab. Dadurch wird die Atmung angeregt, der Kreislauf belebt, das Fell getrocknet und die Mutter-Kind-Bindung aufgrund des Geruches, den die Mutter durch das Ablecken auf das Lamm überträgt, aufgebaut.

Die Nabelschnur reißt von selber ab. Da durch die Nabelöffnung Infektionskeime eintreten können, muss der Nabelstrang so in Jodtinktur getaucht werden, dass sie in das Nabelinnere eindringen kann.

Die Nachgeburt (Gesamtheit der Eihäute) geht bis zu zwei Stunden nach der Geburt ab. Mit ihrer Entfernung aus dem Stall und der Einstreu mit frischem Stroh ist die Geburt überstanden.

Die Mutter sollten Sie mit ausreichend frischem Wasser versorgen, um den Flüssigkeitsverlust beim Lammen auszugleichen.

Lammfürsorge. Sie müssen sich aber ebenso noch um das Lämmchen kümmern. Ist es gesund und kräftig, wird es sich schon nach 10 bis

20 Minuten auf die Beine stellen können und das Euter suchen. Beide Zitzen (Striche) sollten vom Halter vorher angemolken werden, um etwa vorhandene Zitzenpfropfen zu entfernen. Es ist für die Lebensumstände des Lammes sehr wichtig, dass es die erste Muttermilch (die so genannte Biestmilch) so bald wie möglich und ausreichend aufnimmt.

Biest- oder Kolostralmilch. Die Biestmilch enthält zum einen hohe Zuckerkonzentrationen zur Ergänzung der geringen Energievorräte des Neugeborenen, die zur Aufrechterhaltung der Körperwärme schnell verbraucht werden. Zum anderen enthält sie vor allem Vitamine und lebenswichtige Schutzstoffe (Antikörper), deren Vorkommen nach der Geburt am größten ist und die nur in den ersten 24 Stunden unverdaut durch die Darmwand aufgenommen werden können. Bis zum 5. Tag nach der Geburt hat die Milch ihre normale Zusammensetzung erreicht und ist dann auch für den menschlichen Verzehr geeignet.

Notreserve

Die Biestmilch ist durch nichts zu ersetzen. Ein Mangel stellt das Überleben des Lammes in Frage. Aus diesem Grund sollten Sie für Notfälle stets einen Vorrat Kolostral einfrieren. Bei guter Verfassung der Mutter sollte auch stets genügend Milch übrig bleiben. Es muss ohnehin täglich ausgemolken werden, wenn das Euter vom Lamm nicht vollständig geleert wird. Ansonsten besteht die Gefahr einer Euterentzündungen.

Aufzucht

Große Bedeutung kommt in der Schafzucht der Aufzucht der Lämmer zu. Dabei unterscheidet man zwei Methoden: Die natürliche Aufzucht, das Saugen lassen an der Mutter und die künstliche Aufzucht, das Tränken.

Säugen und Tränken

Das Säugen an der Mutter ist die natürlichste und einfachste Aufzuchtmethode. Dabei erhält das Lamm die Milch immer mit einer gleichbleibenden Temperatur. Das Aufziehen am Euter sichert eine gute Gewichtszunahme und die gesunde Entwicklung des aufwachsenden Lammes. Auftretende Verdauungsstörungen werden in der Obhut der Mutter besser auskuriert.

Das Tränken ist arbeits- und zeitaufwendiger, wird aber gern bei der Intensiv-Aufzucht angewandt. Diese Methode empfiehlt sich jedoch auch für einen fürsorglichen Halter, wenn es Schwierigkeiten in der Entwöhnungsphase gibt, weil das Lamm hartnäckig am Euter hängt.

Beim Tränken können Sie dem Lamm die Milch nach und nach in geringer werdenden Mengen zuteilen. Um es an das Trinken aus einem kleinen Eimer zu gewöhnen, tauchen Sie eine saubere Hand in die 38 bis 40 °C warme (körperwarme) Milch. Einen Finger lassen Sie aus der Milch herausschauen. Sobald das Lamm an ihm zu saugen beginnt, nehmen Sie den Finger zurück und das Lamm sollte nun weiter und künftig ohne Hilfe trinken können. Wem das nicht gelingt, muss sich eine „Lämmerbar" anschaffen, ein gedeckeltes Milchgefäß, an dem unten Saugstellen mit Nuckeln angebracht sind.

Milchaustauscher. Eine künstliche Aufzucht, wie sie in der Intensivmast üblich ist, sollte für den Liebhaberhalter nicht in Frage kommen. Allerdings ist sie nicht zu umgehen, wenn die Mutter die Geburt nicht überlebt, keine Amme zur Verfügung steht, bei Mehrlingsgeburten die Milch nicht ausreicht oder aber die Mutter das Lamm verstößt. In diesen Fällen wird das Lamm sechs bis acht Wochen lang mit einem speziellen Milchaustauscher getränkt. Dies ist eine handelsübliche Pulvermischung aus Magermilch, Molke, planzlichen und tierischen Fetten, Weizenquellstärke, Spurenelementen und Antibiotika, die in 35 °C warmem Wasser angerührt wird.

Das Verfahren ist aufwendig. Es bedarf großer Sorgfalt bei der Verabreichung häufiger und zuträglicher Mengen sowie penibler Hygiene, um Verdauungsstörungen durch angesäuerten Trank zu vermeiden.

Die „Lämmerbar" mit auswechselbaren Saugern erleichtert die Aufzucht mutterloser Lämmer oder das Absetzen vom Euter.

Nutzungstypen

Die unterschiedliche Handhabung der Lämmeraufzucht wird bei der artgerechten Haltung stärker durch die Nutzungstypen bestimmt als durch die Intensität der Aufzucht.

Fleischschaf-Lämmer. Das Milchaufkommen der Fleischschafe reicht für eine Nutzung nicht aus. Die Milch dient ausschließlich der Aufzucht der Lämmer, die so lange saugen wie ihre in Freiheit lebenden Verwandten.

Während die Muttermilch nach drei bis fünf Monaten allmählich versiegt, bildet sich der Pansen vollständig aus. Wenn diese Lämmer über einen Lämmerschlupf vor den erwachsenen Tieren im frischen Aufwuchs weiden können, brauchen sie kein Kraftfutter.

Milchschaf-Lämmer. Da Milchschafe auf Milchüberschuss gezüchtet sind, müssen ihre Lämmer nach und nach abgesetzt werden. In der Regel ist das nach etwa drei Monaten möglich, ohne dass ein gesunder Aufwuchs darunter leiden würde. Das ist nicht immer ganz einfach,

Immer schön der Reihe nach!

auch wenn wegen des niedrigen Mineralstoffgehaltes der Muttermilch das Verlangen nach anderem Futter schon frühzeitig geweckt wird. Wichtig ist, dass bereits nach der zweiten Lebenswoche Heu und Beifutter angeboten werden, damit die Pansenentwicklung beginnt. In schwierigen Fällen kann die Entwöhnung bis zu sechs Wochen dauern, in denen Sie Mütter und Lämmer getrennt halten müssen. Die Lämmer werden dann nur von Zeit zu Zeit zu den Müttern gelassen und langsam abgesetzt. Besser ist es jedoch, sie in diesem Fall nur mit der Muttermilch zu tränken.

Kastration

Bocklämmer. Wenn Sie keine Zucht betreiben, müssen Sie sich bald entscheiden, wann Sie ein Bocklamm schlachten wollen. Soll es länger als drei Monate aufgezogen werden, sollte es möglichst früh kastriert werden. Ohne Betäubung ist die Kastration nur bis zur vierten Lebenswoche zulässig, später muss sie vom Tierarzt unter Narkoseanwendung vorgenommen werden.
Methoden. Zwei unterschiedliche Verfahren werden angewendet: Entweder werden mit der Burdizzo-Zange, angesetzt zwischen den einzelnen Hoden und dem Bauch, die Samenstränge 30 Sekunden lang abgeklemmt. Oder aber ein Gummiring wird mit einer Spezialzange über den Hodensack geschoben und an der Bauchwand angesetzt. Nach etwa 14 Tagen fällt der Hodensack dann ab.

Warum eine Kastration?

Mehr zweckmäßig als unbedingt notwendig wird sie angewandt, um
→ zu verhindern, dass das Erbgut von Böcken, die zur Zucht ungeeignet sind, weiterverbreitet wird;
→ Jungböcke mit weiblichen Tieren leichter aufziehen zu können: Mit erwachendem Geschlechtstrieb (ab drei Monaten möglich) kommt sonst Unruhe unter den Tieren auf.

Rechte Seite: Manchmal wird eine künstliche Aufzucht notwendig. Zum Beispiel dann, wenn die Milch der Mutter nicht für alle Lämmer reicht, das Mutterschaf bei der Geburt stirbt oder das Lamm saugunfähig ist.

Soay-Schaf

Das kleine Schaf hat eine kurze, hell- bis dunkelbraune Wolle, die es im Laufe des Frühjahres abwirft. Der kurze Schwanz ist behaart. Die Böcke, aber auch etwa die Hälfte der weiblichen Tiere, tragen gewundene Hörner.

Die robuste und genügsame Rasse ist gut für die Landschaftspflege geeignet. Im Verhalten zeigen sie noch Wildcharakter und sind daher aber in der Hege schwierig. U.a. lassen sie sich nicht gut durch Hunde treiben.

Die interessanten Tiere sind auf der Insel Soay beheimatet, die zu einer Inselgruppe nordwestlich von Schottland gehört, wo sie weitgehend sich selbst überlassen werden. Seit einigen Jahren werden wenige Tiere hauptsächlich in Hessen und in Rheinland-Pfalz gehalten.

	♂	♀
Widerristhöhe (cm)	50–55	45
Gewicht (kg)	25–30	20–25

Suffolk

Das Suffolk Schaf sieht etwa wie das Schwarzköpfige Fleischschaf aus, es ist aber etwas kleiner im Rahmen und der hornlose Kopf ist bis hinter die Ohren unbewollt. Besonders stark ausgeprägt sind die fleischtragenden Körperpartien wie Brust, Rücken und Keule.

Die Lämmer sind wie beim „Schwarzkopf" frühreif und frohwüchsig, neigen aber wie diese nicht zur Verfettung. Das Schaf eignet sich gut für die Koppelhaltung. Das Ablammergebnis beträgt 140%.

Suffolk-Schafe sind in Großbritannien beheimatet und wurden von dort nach Frankreich exportiert. Aus französischen Zuchtbetrieben kamen sie in den 70er Jahren auch nach Deutschland. Die Tiere werden häufig zur Verbesserung schwarzköpfiger Rassen verwendet und auch zu Kreuzungen z.B. mit Merinos eingesetzt.

	♂	♀
Widerristhöhe (cm)	70–80	60–70
Gewicht (kg)	100–120	70–85

Texelschaf

Die Wolle und die behaarten Körperteile des mittel- bis großrahmigen Schafes sind weiß. Es hat einen typischen keilförmigen Kopf mit häufigen schwarzen Pigmentflecken und einen relativ kurzen Hals. Die hervorragende Bemuskelung und Fleischfülle entspricht höchsten Anforderungen.

Tageszunahmen der frohwüchsigen und frühreifen Lämmer von 400 g sind keine Seltenheit. Das Ablammergebnis beträgt 150-200 %. Das ausgesprochene Fleischschaf ist besonders gut für die Koppelhaltung geeignet.

Das von der holländischen Insel Texel stammende Schaf wurde vor etwa 40 Jahren zunächst nach Norddeutschland, später auch in den Süden importiert. Der Norden ist jedoch sein bevorzugtes Verbreitungsgebiet. Allein in Schleswig-Holstein werden 65 % aller Texel gehalten. Auf den Deichen der Insel Pellworm halten sie das Gras kurz und festigen durch ihren Tritt die Narbe.

	♂	♀
Widerristhöhe (cm)	75–80	70–75
Gewicht (kg)	110–130	70–90

Gesund oder krank?

Rechte Seite: Durch vorsorgliche Haltung, ausreichende Pflege und optimale Fütterung können Sie Ihre Schützlinge vor schlimmen Krankheiten bewahren.

Das Schaf ist von Natur aus gegen Krankheiten sehr widerstandsfähig. Wird es art- und sachgerecht gehalten, treten nur selten ernstliche Erkrankungen auf. Kräftige und richtig ernährte Tiere besitzen gute Abwehrkräfte und sind weniger anfällig.

Gesundheitsvorsorge

Es ist wichtig, Krankheiten bereits im Frühstadium zu erkennen, um eine erfolgreiche Behandlung zu garantieren und den Tieren damit viel Leid zu ersparen. Noch besser ist es, Schafe so zu halten und zu pflegen, dass deren natürliche Widerstandskräfte gefördert werden und schwerwiegende Krankheiten erst gar nicht auftreten. Sie sollten daher einige wichtige Grundregeln im Umgang und bei der Haltung Ihrer Tiere besonders beachten. Wichtige Voraussetzungen für die Gesunderhaltung der Schafe sind:

- ➔ artgemäße Haltung und Fütterung,
- ➔ entsprechende Pflegemaßnahmen,
- ➔ ruhiger Umgang mit den Tieren,
- ➔ ausreichende Tier-, Stall- und Melkhygiene,
- ➔ ein trockener und gut durchlüfteter Stall und
- ➔ die Desinfektion der Lämmerbuchten vor dem Belegen.
- ➔ Überdies vermögen besondere Futtermittel-Zusätze die Widerstandskraft zu unterstützen und
- ➔ eine regelmäßige fachgerechte Klauenpflege die Paarhufer vor schlimmen Fußerkrankungen zu bewahren.

Kräuter-Futterzusätze

Inhaltsstoffe von Würz- und Heilpflanzen (ätherische Öle, Enzyme, Vitamine, Flavone, Saponine, Gerb- und Bitterstoffe) haben stark anregende Wirkung auf Stoffwechsel, Blutkreislauf, Drüsen und Verdauung. Die Wirkstoffe der im Handel erhältlichen Heilkräuter-Fütterungszusätze (Adressen siehe Seite 94) können Futtermängel ausgleichen und Gesundheit, Fruchtbarkeit und Leistung der Tiere fördern.

Pommersches Landschaf bei der Pediküre: Zum Klauenschneiden legt der Halter das Schaf so auf den Rücken, dass es gegen seine Beine zu liegen kommt. In dieser Lage ist das Tier vollkommen ruhig gestellt.

Anwendung: Zur Aktivierung des Stoffwechsels, Verbesserung des Fellkleides, starker Ausbildung von Huf und Klaue, Verringerung von Schwergeburten und Nachgeburtsstörungen; bei mangelnder Futterausnutzung, Milchmangel, Neigung zu Parasitenbefall des Darmes und der Haut sowie bei katarrhalischen Erkrankungen.

Von den Kräuter-Komplettmischungen für Schafe mit Mineralstoffen, Vitaminen und Spurenelementen bekommt jedes Tier täglich 20 bis 30 g, trächtige Tiere erhalten 30 bis 40 g und Jungtiere 5 bis 15 g.

Klauenpflege

Paarhufer sind ausgezeichnete Lauftiere, die sich auf jeweils zwei Zehenspitzen besonders behende fortbewegen können. Die Natur hat sie für diese Art der Fortbewegung bestens ausgerüstet. Die dritten und vierten Zehen sind zu Klauen ausgebildet. Eine kräftige Hornkapsel umhüllt schützend die Endglieder. Um die Abnutzung auf den harten Böden der Steppe und des Gebirges, ihres ursprünglichen Lebensraumes, auszugleichen, muss sie entsprechend nachwachsen.

Klauenzustand. Die vergleichsweise weichen Böden der Weide und des Stalles, die eingeschränkte Bewegung in der Koppelhaltung und auch die bessere Nährstoffversorgung lassen die Hornkapseln der Klauen schneller nachwachsen als sie abgenutzt werden. Im weiteren Verlauf biegt sich das Horn nach vorne und rollt sich dabei ein. Es entsteht die tütenförmige Rollklaue oder Doppelsohle, die zur weiteren Verdeutlichung der Missbildung auch Pantoffel-, Schnabel- oder Posthornklaue genannt wird. Die verbildeten Klauen verursachen Schmerzen beim Laufen und Stehen. In den Zwischenräumen eingedrungene Fremdstoffe bilden Infektionsherde, die zu den verschiedensten Erkrankungen führen können.

Klauenkorrektur. Zur Vermeidung dieser Schäden sind die Klauen regelmäßig zu pflegen. Je nach Wachstum sollte das überschüssige Horn zwei- bis dreimal im Jahr entfernt werden, auf jeden Fall im Frühjahr vor dem Weideaustrieb und im Spätherbst. Auch bei ganzjährigen Weidetieren muss der Klauenzustand regelmäßig überprüft werden. Bei Lämmern sollten bereits im Alter von sechs bis acht Wochen die Klauen geschnitten werden.

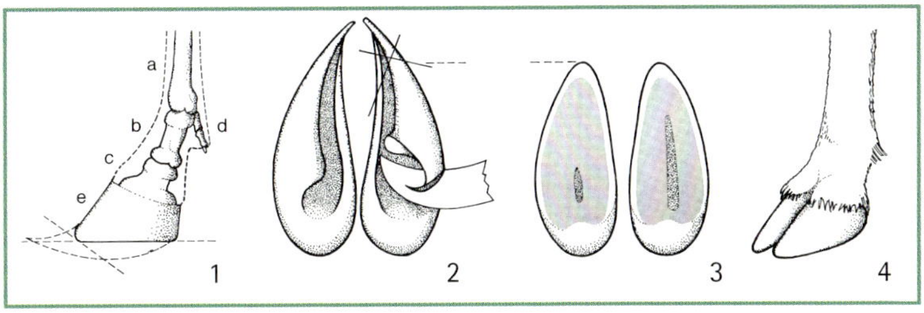

Klauenpflege
1 Vorderlauf: a Mittelhandknochen, b Fesselbein, c Kronbein, d zurückgebildete Zehen (Daumenzehe fehlt), e Klauenbein (die gestrichelte Darstellung zeigt ein mögliches Überwachsen der Hornwände bei mangelndem Rückschnitt);
2 bei eingerolltem Tragrand muss vorsichtig schichtweise geschnitten werden (Ansicht von unten);
3 geschnittene Klaue von unten gesehen: Tragrand, Sohle und Ballen bilden eine glatte Fläche;
4 Laufkante nach dem Schnitt.

Zum Klauenschneiden werden die Tiere am besten auf den Rücken gelegt. Man kann sie aber auch im Stehen behandeln, indem man die Beine nacheinander aufhebt.

Mit einem scharfen Klauen- oder Hufmesser (es kann auch eine Rosenschere sein) wird das zu lang gewachsene Horn der Seitenwände und der Klauensohle vom Ballen zur Spitze hin zurückgeschnitten. Tragrand, Sohle und Ballen sollen eine glatte Fläche bilden. Fließt Blut, muss die Schnittstelle mit Jod- oder Sepsotinktur desinfiziert werden. Bei größeren Wunden sollte ein Verband angelegt und der Fuß in einem ledernen Klauenschuh versorgt werden.

Symptome erkennen

Trotz artgerechter Haltung und vorbeugender Maßnahmen können Krankheiten auftreten. Ihre Auswirkungen lassen sich aber bei rechtzeitigem Erkennen und bald einsetzender Behandlung vermindern.

Kranke Schafe machen einen müden und matten Eindruck. Sie verweigern nicht selten das Futter oder fressen nur wenig.

Werte des gesunden erwachsenen Schafes	
Temperatur	38,2 - 39,5 °C
Atmung pro Minute (je nach Bewegung)	15 - 25
Puls pro Minute	70 - 90

Unpässliche Tiere bringt man in eine Box und beginnt unverzüglich mit folgenden Untersuchungen, denen die Werte gesunder, erwachsener Tiere zugrunde gelegt werden:

- → Messen der Körpertemperatur durch vorsichtiges Einführen des Thermometers in den After;
- → Bestimmen der Atemfrequenz durch Zählen der Brust- oder Flankenbewegungen;
- → Ermitteln der Pulsfrequenz, die durch das Anlegen der Hand an der Innenseite des Oberschenkels festgestellt werden kann;
- → Kotuntersuchungen auf Beschaffenheit und Blutbeimengungen;
- → Befund des Nasenausflusses (Blut- und Eiterbeimischungen);
- → Abtasten des Euters auf Erwärmungen und Schwellungen, die auf Entzündungen schließen lassen.

Krankheiten behandeln

Dem Anfänger in der Nutztierhaltung fällt es anfangs sehr schwer, eine bestimmte Krankheit zu diagnostizieren und entsprechende Maßnahmen einzuleiten. Bei auffallend veränderten Werten sollten Sie daher sicherheitshalber den Tierarzt benachrichtigen. Im Laufe der Zeit lernen Sie dann, häufig auftretende Symptome den Erkrankungen zuzuordnen und einzuschätzen, welche Behandlung erforderlich ist.

Bei sichtbaren Krankheitsmerkmalen wie zum Beispiel Hautverletzungen oder auch Euterentzündungen, die am leichtesten zu bestimmen sind, können Sie mit bewährten Mitteln aus der Stallapotheke oder auch mit Heilkräutern selbst den Heilungsprozess einleiten. Zu den äußeren Krankheitsmerkmalen, die gut zu erkennen sind, zählen auch die Klauenentzündungen und der Parasitenbefall.

Was tun bei Moderhinke?

- → Die erkrankten Tiere von den übrigen abtrennen und auf trockene Böden bringen;
- → die befallenen Klauen gründlich ausschneiden und säubern, infektiöse Hornteile sammeln und verbrennen, Geräte desinfizieren;
- → nach einem einstündigen Standbad mit 20%iger Zinksulfatlösung (kein giftiges Kupfersulfat verwenden!) Antibiotika-Präparate in Form von Spray, Puder oder Salbe auftragen;
- → die Klauen nach einigen Tagen kontrollieren; gegebenenfalls nachbehandeln.

Moderhinke

Werden die Klauen schlecht gepflegt oder vernachlässigt, kommt es im schlimmsten Fall zu einer ansteckenden Klauenentzündung, der sogenannten Moderhinke. Die bakteriellen Erreger finden in den Hohlräumen der überwachsenen Klauen beste Lebensbedingungen. Im Verlauf der Erkrankung wird das Horn der befallenen Klauen zerstört. Wenn durch die Beweidung nasser Wiesen das Horn obendrein aufweicht, wird es noch schneller zersetzt. Auch die Lederhaut und tiefere Schichten werden befallen. Die Tiere beginnen wegen erheblicher Schmerzen zu lahmen und rutschen in Extremfällen auf den „Knien" (Vorderfußwurzelgelenken) vorwärts.

Soweit darf es aber nicht kommen. Wenn ein Tier zu lahmen beginnt, sollte bereits die Alarmglocke anschlagen und erste Maßnahmen ergriffen werden, um einer weiteren Ausbreitung dieser ansteckenden Krankheit entgegenzuwirken.

Parasitenbefall

Ungeziefer und Würmer gehören zu den unvermeidlichen Schmarotzern, unter denen die Tiere leiden. Nur in seltenen Fällen können sie lebensbedrohlich werden, doch beeinträchtigen sie unter Umständen das Wohlbefinden und die Widerstandskraft der Tiere soweit, dass es zu geringerer Futteraufnahme, Gewichtsverlust und in der Folge auch zu einer Ertragsminderung kommt.

Außenparasiten

Außen- oder Ektoparasiten wie die Lausfliege (Schaflaus), Haarlinge (Sandläuse) oder Räudemilben können Schafen arg zusetzen. Der Befall ist an der Unruhe der Tiere und ihr Scheuern an Bäumen oder Zäunen und dadurch hervorgerufenem Wolleausfall zu erkennen. Durch eine einwandfreie und penible Stallhygiene lässt sich der Befall mit Außenparasiten jedoch vermeiden. Sollte ein neu hinzugekommenes Schaf Ungeziefer eingeschleppt haben, können Sie die Parasiten mit einschlägigen Insektenspritzmitteln unter Einsatz einer Gießkanne oder eines Sprühgerätes erfolgreich bekämpfen.

Ein sauberer Stall ist die wichtigste Voraussetzung, um Krankheiten und Ungeziefer möglichst zu vermeiden. In jedem Fall gehört zum Stallinventar ein gut zugängliches Apothekenschränkchen, im dem die wichtigsten Instrumente und Hilfsmittel aufbewahrt werden können.

Einem Zeckenbefall kann man dagegen kaum vorbeugen, wenn die Tiere im Wald oder in strauchreichen Gebieten weiden. Zeckenzeiten und Zeckenbereiche sollten beim Austrieb der Tiere daher besonders beachtet werden. Der Blutentzug kann zu Mattigkeit und Entwicklungsstörungen führen. Werden Nervenbahnen beeinträchtigt, kann es zur Zeckenlähme kommen.

Es ist daher ratsam, Weidetiere regelmäßig und „Milchspender" beim Einstallen nach Zecken abzusuchen. Bevorzugte Stellen sind die Schenkelinnenflächen, das Euter und die Kopfregion. Gegebenenfalls lassen sich die Blutsauger mit der Zeckenzange gut beseitigen.

Innenparasiten

Innen- oder Endoparasiten sitzen auf feuchten Pflanzenteilen und werden von den Schafen beim Weiden aufgenommen. Die Larven von Magen-, Darm-, Band- und Lungenwürmern wandern nachts in die oberen Teile der Pflanzen, solange diese noch feucht sind. An feuchten Standorten findet sich auch der Zwischenwirt des Leberegels, die Streichholzkopf große Zwergschlammschnecke. Der tägliche Weidegang sollte daher erst beginnen, wenn Tau und Regen abgetrocknet sind.

Feuchte oder an Bächen gelegene Wiesen sind generell für die Weidehaltung problematisch. Indische Laufenten, rastlose und unersättliche Schneckenvertilger, oder andere Maßnahmen zur Schneckenbekämpfung sind hier zwingend notwendig.

Vorsorglich sollte man regelmäßig den frischen Kot untersuchen, ob Eier oder Bandwurmglieder sichtbar sind oder ob sich auf älterem Kot Larven entwickelt haben. Einen genauen Befund ergeben Kotuntersuchungen. Dazu ist eine frische Kotprobe in einer Menge von etwa Pflaumengröße, im Kunststoffbeutel verpackt, an das Untersuchungsamt zu schicken. Ein positives Ergebnis hat immer eine Wurmbehandlung zur Folge. Der Einfachheit halber und zur Vorsorge empfiehlt es sich, generell zwei bis drei Wurmkuren im Jahr mit Mitteln durchzuführen, deren Inhaltsstoffe breit gefächert gegen verschiedene Parasiten wirken.

Stallapotheke

In vielen Fällen kann der Tierhalter selbst erste Hilfe leisten oder eine erfolgreiche Behandlung einleiten. Wunden am Körper oder Verletzungen an den Gliedmaßen lassen sich häufig problemlos und wirksam sofort behandeln. Um entsprechende Mittel vorrätig zu haben, ist die Einrichtung eines verschließbaren Schranks als Stallapotheke zu empfehlen. Sie sollte in einem kühlen, trockenen Raum untergebracht werden und ist vor dem Zugriff von Kindern zu schützen. Als Erstausstattung wählen Sie Instrumente und Heilmittel, die schnell oder oft benötigt werden.

Welche Hilfsmittel gehören in die Stallapotheke?

- → Ein digitales Fieberthermometer zum Fiebermessen
- → Schere, Messer, Pinzetten und Verbandsstoffe für die Behandlung von Verletzungen
- → Klauenbesteck für das Klauenschneiden
- → ein Klauenschuh für wundbehandelte Füße
- → Spritzen für Injektionen oder zum Einflößen flüssiger Arzneimittel
- → Gummihandschuhe und möglichst auch eine Gummischürze.

Achten Sie darauf, dass alle Instrumente und Geräte immer sauber gehalten und möglichst nach Gebrauch sofort desinfiziert oder ersetzt werden.

Achtung!

Da einige Arzneimittel nur begrenzt haltbar sind, sollten sie nur in kleineren Mengen angeschafft und die Verfallsdaten beachtet werden. Pastenförmige oder flüssige Medikamente sind zur Eingabe besser geeignet als Pillen.

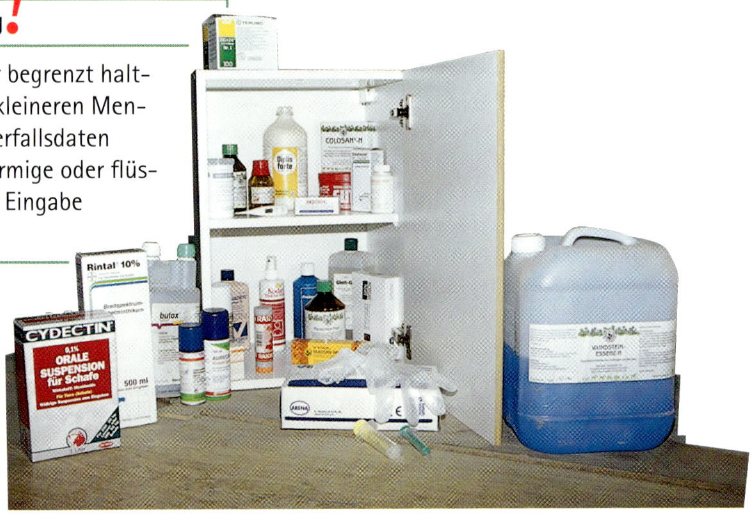

Empfohlene Heilmittel	
Mittel	Verwendungszweck
Arnikatinktur	Wundbehandlung
Eutersalbe	durchblutungsfördernd, entzündungshemmend
Insektizide	Parasitenbekämpfung
Jodtinktur	Wundbehandlung (z.B. Nabelstrang)
Kampfersalbe	bei Entzündungen und Schwellungen
Klauensalbe	Pflege und Wundverschluss (Hufe und Klauen)
Melkfett	Eutermassage
Wundsalbe	Wundbehandlung (Riss-, Schnitt-, Schürfwunden)
Wurmmittel	gegen Band-, Faden- und Spulwürmer

Die Heilmittel für bestimmte Indikationen werden nur als allgemeine Bezeichnung angegeben. Die einschlägigen Präparate (neben den Hausmitteln) sind beim Tierarzt, Apotheker oder bei Pharmafirmen, die Arznei- und Pflegemittel für die tierärztliche Praxis herstellen, zu erfragen. Bei schwereren Erkrankungen werden geeignete Medikamente vom Tierarzt verordnet.

Tiroler Steinschaf

Die mittelgroßen, kräftigen Schafe kommen in verschiedenen Farbvarianten vor. Es gibt rein weiße, graue mit schwarzem Kopf und schwarzen Beinen sowie rein schwarze Tiere. Die Lämmer der grauen und schwarzen Muttertiere sind schwarz. Alle haben eine seidig glänzende Schlichtwolle mit langem, gröberem Oberhaar und feinerem Unterhaar.

Die Rasse ist hochgebirgstüchtig mit hoher Trittsicherheit. Die Tiere sind anspruchslos, widerstandsfähig und gute Futterverwerter. Die Schlachtausbeute ist hoch, das Fleisch fettarm und wohlschmeckend. Bei asaisonaler Brunst haben die Schafe eine sehr gute Fruchtbarkeit und eine hohe Aufzuchtleistung. Sie werden zweimal im Jahr geschoren. Die älteste Tiroler Schafrasse war maßgeblich an der Herauszüchtung des deutschen Bergschafes beteiligt. Seit Anfang der 70er Jahre wird eine organisierte Zucht zur Vermehrung der Rasse betrieben.

	♂	♀
Widerristhöhe (cm)	80–85	70–80
Gewicht (kg)	80–100	70–85

Weiße Gehörnte Heidschnucke

Das kleine, feingliedrige, mischwollige Landschaf ist weiß ohne Pigmentierungen. Die Böcke tragen am keilförmigen Kopf schneckenförmige, die weiblichen Tiere sichelförmig nach hinten gebogene Hörner.

Die Weiße Gehörnte Heidschnucke ist genügsam, widerstandsfähig und besonders für die Pflege von Heideflächen geeignet. Durch den Verbiss verjüngt sie das Heidekraut und verhindert den Aufwuchs von Nadelgehölzen. Das auserlesene Fleisch ist zart und schmeckt nach Wild. Allerdings ist die Fruchtbarkeit mit 100 % nicht sehr hoch.

Die kleine Schnucke gehört zur Rassengruppe der Heideschafe und ging vermutlich erst Anfang des 20. Jahrhunderts durch Zuchtauswahl aus der Grauen Gehörnten Heidschnucke hervor. Als urwüchsige Landrasse ist sie ohne Einkreuzungen erhalten geblieben.

	♂	♀
Widerristhöhe (cm)	55–60	50
Gewicht (kg)	60–75	45–50

Weiße Hornlose Heidschnucke (Moorschnucke)

Die kleine Weiße Hornlose Heidschnucke ist ein feingliedriges mischwolliges, weißes Landschaf mit einem länglichen Kopf und kleinen schräg aufwärts stehenden Ohren.

Die auch unter dem Namen Moorschnucke bekannte Rasse bevorzugt den Lebensraum der Moorlandschaft, an den sie wie keine andere Schafrasse angepasst ist. Dem beweglichen und anspruchslosen Tier genügt der relativ spärliche Aufwuchs von Heidekraut, Moorgräsern und -kräutern. Die geringe Schlachtausbeute wird durch die Zartheit und den wildbretartigen Geschmack des Fleisches weitestgehend ausgeglichen. Das Ablammergebnis beträgt der weiblichen Tiere beträgt 110 %.

Ohne die Pflege der Moorschnucken wären die Hochmoore in ihrem Erscheinungsbild gefährdet, die Schnucken gehören daher unersetzbar in diesen Lebensraum.

	♂	♀
Widerristhöhe (cm)	55–60	50
Gewicht (kg)	70–75	40–45

Weißes Bergschaf

Das mittelrahmige, betont lange Schaf hat eine weiße Schlichtwolle. Der hornlose, bewollte Kopf ist leicht geramst und hat lange, breite und fleischige Hängeohren.

Mit seinen harten Klauen, seiner hohen Steig- und Trittsicherheit und Schwindelfreiheit sowie seinem langen Fell ist das robuste Schaf für das raue Klima und die hohen Niederschläge des Hochgebirges bestens gerüstet. Weiterhin zeichnet es sich durch eine ganzjährige Paarungsbereitschaft und eine hohe Fruchtbarkeit von 230 % sowie guten Muttereigenschaften aus.

Die ursprünglich verschiedenen Schläge, an deren Entwicklung besonders das norditalienische Bergamasker-Schaf, aber auch das Steinschaf beteiligt waren, wurden in Deutschland in den 30er Jahren zusammengefasst und vereinheitlicht.

	♂	♀
Widerristhöhe (cm)	80–85	70–75
Gewicht (kg)	90–100	70–75

Produkte

Die Nachfrage nach hochwertigem Lammfleisch und anderen Schaferzeugnissen aus heimischer Produktion steigt zunehmend. Schon ein kleiner „Trupp“ von etwa fünf Tieren deckt nicht nur Ihren Eigenbedarf, sondern lässt eine Vermarktung des überschüssigen Käses oder Fleisches zu.

Der Verkauf oder die Eigennutzung der Schlachtlämmer und der geschlachteten Alttiere ist nötig, um den Bestand der Herde zu verjüngen und zahlenmäßig zu begrenzen. Die Gewinnung von Wolle und Fellen wird in der Liebhaberhaltung seltener in Betracht gezogen, kann aber zu einer interessanten Freizeitbeschäftigung werden.

Im Internet existieren zahlreiche **Suchmaschinen,** Programme, die das Netz nach angefragten Begriffen durchsuchen. Nutzen Sie diese Möglichkeit, um über Begriffe wie ➔ Schafe, ➔ Schafhaltung oder ➔ Schafmilch zu interessanten Websites zu kommen. Dort finden Sie auch Angebote der Direktvermarkter, die Sie gut als Anregung und zum Preisvergleich nutzen können.

Fleisch

Auch bei der Hobby-Nutztierhaltung kommt der Zeitpunkt, zu dem die Tiere geschlachtet oder – sollte Ihnen dies schwer fallen – lebend verkauft werden müssen, wenn Sie nicht Ihren Bestand ständig vergrößert sehen wollen. Denn wenn Sie Milch haben oder züchten, haben Sie auch regelmäßig Lämmer.

Die Überzähligen bringen Sie am besten zum Metzger mit der vorgeschriebenen Fleischbeschau. Professionell und unter den geforderten hygienischen Rahmenbedingungen geschieht die Tötung dort schnell und nach den Vorgaben des Tierschutzgesetzes.

Aufgrund ihrer hautfreundlichen, wärme- und feuchtigkeitsregulierenden Eigenschaften ist Schafwolle ein optimaler Rohstoff für Naturtextilien.

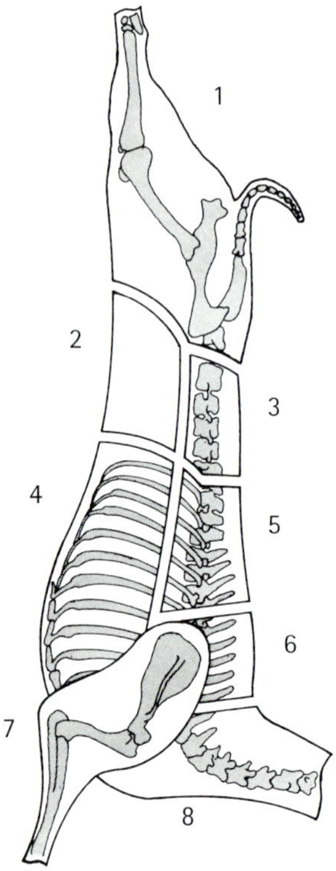

Teilstücke des Schlachtkörpers: 1 Keule, 2 Dünnung, 3 Lende, 4 Brust, 5 Kotelett, 6 Kamm, 7 Schulter (Bug), 8 Hals

Verschiedene Fleischarten

Ausgehend von einer artgerechten Haltung ohne Zufütterung von Mastfutter mit einer naturgerechten Weideführung, ist Schaffleisch sehr wohlschmeckend und hat nur in geringem Maße Fettansatz. Im besonderen Maße wird das fettarme und wildbretartige Fleisch einiger Landschafrassen sehr geschätzt. Die verschiedenen Fleischarten sind nach den „Handelsklassen für Schaffleisch" aufgeführt.

Milchlammfleisch. Das zarteste Fleisch, das bei vielen Familien als Osterlammbraten sehr geschätzt ist, stammt von Lämmern, die vorwiegend am Euter aufgezogen wurden und nicht älter als sechs Monate sind.

Mastlammfleisch. Das Fleisch eines bis zwölf Monate alten Lammes ist reifer und deshalb ausgeprägter im Geschmack. Mastlamm ist eine Bezeichnung des Marktes. In der artgerechten Nutztierhaltung sollte auf eine Mast zugunsten des Tieres und der Fleischqualität verzichtet werden.

Hammelfleisch. Das Fleisch der bis zu zwei Jahren alten weiblichen Schafe und kastrierten Böcke ist bestens geeignet für gedünstete Eintopfgerichte wie Irish Stew, Hammelfleisch mit Bohnen oder dem elsässischen Ofenbäck. Der Unterschied zum Lammfleisch besteht darin, dass das Fett des Hammelfleisches wegen der starken Bindungsfähigkeit der Fettsäuren bereits bei Speisetemperatur fest zu werden beginnt. Lammfett wird dagegen selbst bei Zimmertemperatur nicht fest, da dessen Bindungsfähigkeit schwächer ist.

Schaffleisch. Das Fleisch von über zwei Jahre alten weiblichen Tieren und kastrierten Böcken eignet sich vorwiegend für die Verarbeitung zu Wurst. Es kann eine vorzüglich schmeckende Frischwurst tiefgefroren, in Dosen eingemacht, an der Luft getrocknet oder in den Rauch gehängt werden.

Milch und Käse

In erster Linie wird Schafmilch zu Käse verarbeitet, der zwar immer noch zu den Spezialitäten gehört, aber zunehmend auch im üblichen Sortiment zu finden ist. Die Nachfrage richtet sich nicht nur nach dem Geschmack, sondern auch nach den Preisen, die die Kuhmilch-Erzeugnisse bis zum Dreifachen übersteigen. Die Qualität der Produkte ist ausschließlich von der Güte der Rohmilch abhängig.

Beschaffenheit. Schafsmilch ist bis zu 6 % fett und gut verträglich. Vergleicht man sie mit der Kuh- oder Ziegenmilch, so fällt der ungewöhnlich hohe Gehalt an Orotsäure auf. Er übersteigt den Wert der anderen

Milcharten fast um das Fünffache. Mit diesem Wirkstoff, der dem Vitamin-B-Komplex zuzuordnen ist, werden hochwertige Eiweiße gebildet, die sowohl im jugendlichen Organismus des Menschen aufbauend als auch im alternden regenerierend wirken.

Qualität. Die Gewinnung einer gehaltvollen, keimarmen und aromatischen Qualitätsmilch hängt neben einer artgerechten Haltung und hochwertigem Futter vor allem von den hygienischen Verhältnissen ab.

Um ein starkes Ansteigen der bakteriellen Keime durch Verunreinigungen und die Beeinträchtigung des Aromas durch Fremdgerüche zu verhindern, muss beim Umgang mit der Milch auf peinliche Sauberkeit und auf eine sorgfältige Behandlung der Milch geachtet werden. Zu beachten sind vor allem folgende Maßnahmen:

- ➔ Euter und angrenzende Körperteile vor dem Melken säubern;
- ➔ gut gereinigtes Melkgeschirr benutzen;
- ➔ für saubere Kleidung und Hände sorgen;
- ➔ für hygienische und gut durchlüftete Stallverhältnisse sorgen;
- ➔ frisch gemolkene Milch sofort aus dem Stall entfernen;
- ➔ für schnelle Abkühlung auf mindesten 4 °C und entsprechende Aufbewahrung sorgen, wenn die Milch nicht gleich verbraucht oder verarbeitet wird.
- ➔ Bei längerer Aufbewahrung sollte die Milch durch eine 30 Sekunden lange Erhitzung auf 62 bis 65 °C pasteurisiert werden.

Achtung! Kolostralmilch und die Milch von entzündeten Eutern oder generell von mit Medikamenten behandelten Tieren sind für den Verzehr ungeeignet und dürfen nicht verwertet werden.

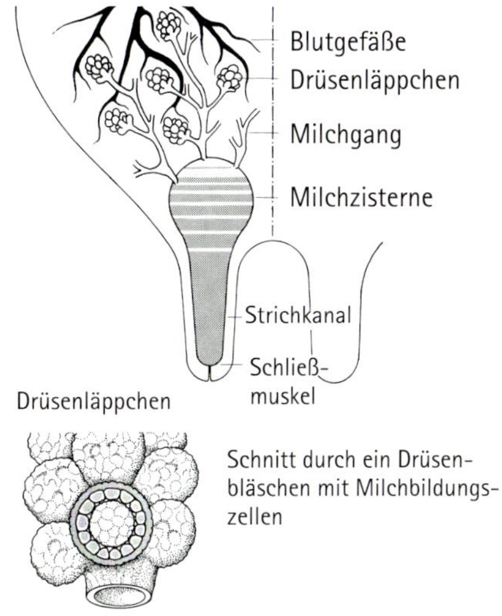

Das Euter wird durch eine innere Hautfalte in zwei jeweils selbständig arbeitende Hälften geteilt. Ein Drüsenläppchen enthält bis zu 150 Drüsenbläschen (0,1 bis 0,3 mm Durchmesser), deren Wände mit Milchbildungszellen ausgekleidet sind. Blutgefäße umspannen die Drüsenbläschen und führen den Milchbildungszellen Rohstoffe für die Milchbildung zu. Das Euter muss von etwa 300 bis 400 Liter Blut durchströmt werden, bis 1 Liter Milch gebildet wird.

Hygiene- und Qualitätsanforderungen

Beim Direktverkauf von Milch und Milcherzeugnissen ist die „Verordnung über Hygiene- und Qualitätsanforderungen an Milch und Erzeugnisse auf Milchbasis" (Milchverordnung) vom 24.4.1995 einzuhalten. Weitere Vorschriften sind in entsprechenden Verordnungen geregelt. Informieren Sie sich bei der zuständigen Lebensmittelüberwachungsbehörde (Veterinäramt) über die geltenden Vorschriften.

Ein 45 cm hoher Melkstand kann sehr hilfreich sein: Die Tiere werden mit etwas Futter in die richtige Stellung gelockt und bei Bedarf mit einem Stellstab arretiert. Der Melker braucht sich dann nicht zu bücken.

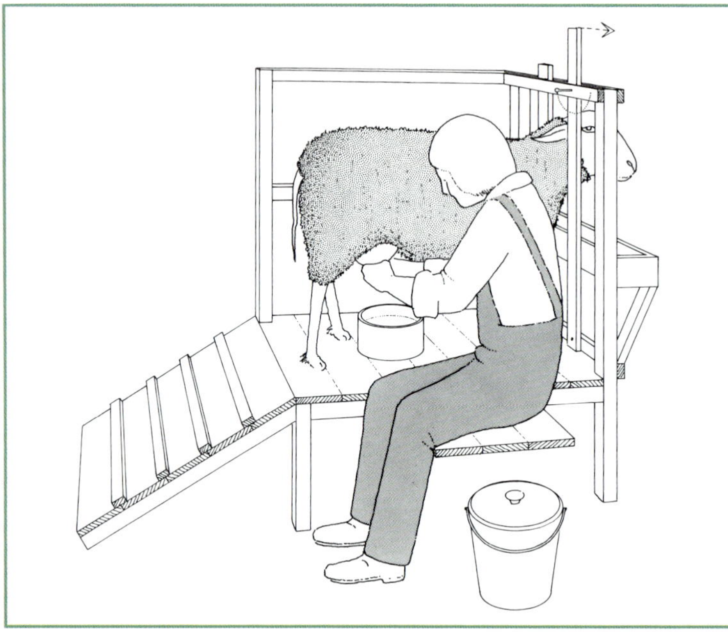

Für die empfindlichen Euter kommt nur das schonende Faust- oder Vollhand-Melken in Frage, um schmerzhafte Entzündungen zu vermeiden.

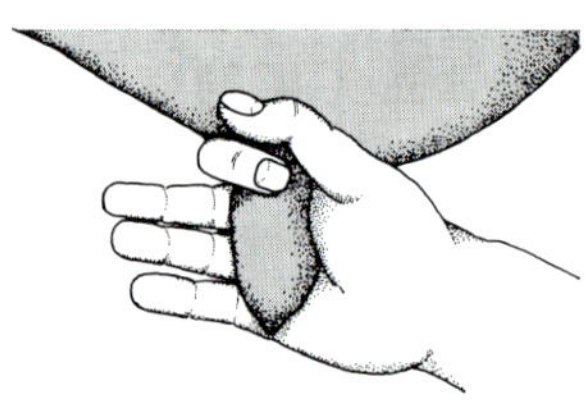

Daumen und Zeigefinger drücken den Strichkanal ab,

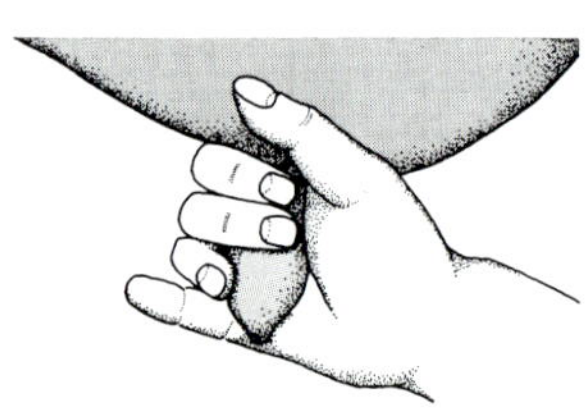

die übrigen Finger schließen sich nacheinander zur Faust ...

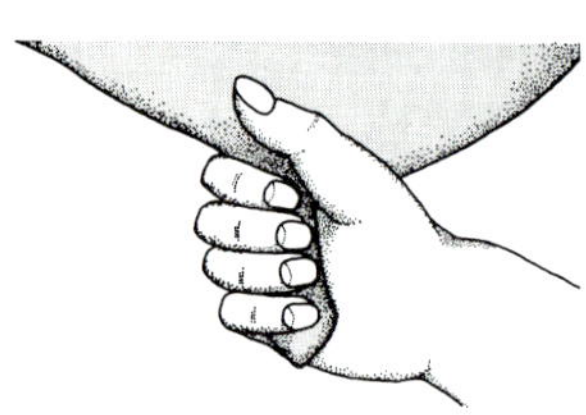

... und drücken die Milch aus.

Gewinnung von Milch

Sie können von der Seite oder von hinten melken, in der Hocke oder im Sitzen auf einem umgeschnallten einbeinigen Melkschemel. Leichter und sauberer geht es, wenn die Tiere auf einem etwa 45 cm hohen Melkstand stehen, an dem notfalls ein Fanggatter zum Festhalten angebracht ist. Unruhige Tiere können mit Futter abgelenkt werden. Einmal angenommene Gewohnheiten sollten stets beibehalten werden. Auch der Melker, an dessen Eigengeruch sich die Tiere gewöhnen, sollte möglichst immer derselbe sein. Dann ist das Melken, das am besten morgens vor dem Austrieb und abends nach der Heimkehr besorgt wird, kein Problem. Wird nur einmal am Tag gemolken, vermindert sich die Milchleistung auf etwa die Hälfte, da 18 Stunden nach dem Melken die Milchsekretion allmählich nachlässt.

„Fausteln". Das Melken selbst beginnt mit dem „Anrüsten", der Eutermassage, unter Verwendung von etwas Melkfett.

Während bei der Kuh „gestrippt" wird, faustelt man bei den milchspendenden Kleintieren. Das Strippen, bei dem die Zitze (Strich) mit dem an der Haut herabgleitenden (und ziehenden) Daumen und Zeigefinger ausgepresst wird, würde das Euter und die Zitzen des Schafes verformen und Schmerzen verursachen. Beim schonenden Faustmelken drücken Daumen und Zeigefinger die Zitze am Euteransatz ab. Danach werden Mittel-, Ring- und kleiner Finger nacheinander geschlossen (ohne zu ziehen), so dass die Milch aus dem Strich herausgedrückt wird. Um sauber auszumelken zu können, schlägt man mit der flachen Hand von unten gegen das Euter, wie es etwa die Lämmer tun, wenn mehr Milch einschießen soll. Auch ein nochmaliges Massieren des Euters, dieses Mal von den Schenkelhöhlen abwärts ("Abrüsten"), kann helfen. Die letzte Milch ist die fettreichste.

Die Leistung bestimmt die Häufigkeit des Melkens. Bei hohen Milchmengen sollte zwei- bis dreimal täglich gemolken werden. Halten Sie dabei annähernd gleiche Zeiten und Zeitabstände ein. Gegen Ende der Laktationsperiode genügt einmaliges Melken.

Verschiedene Sorten von wohlschmeckendem Frisch- und Weichkäse sind verhältnismäßig leicht herzustellen.

Verarbeitung zu Käse

Aus Schafmilch lassen sich wohlschmeckende und leichtverdauliche Käse herstellen. Der typische Geschmack wird von Kennern sehr geschätzt.

Für den Eigenbedarf empfiehlt sich die Herstellung von Frischkäse, für deren Verarbeitung kein klimatisierter „Käsekeller" erforderlich ist. Denn die Herstellung von Käse mit Pilzkulturen (wie der Roquefort) ist aufwendig, nicht ganz unproblematisch und bedarf einer langen Behandlungs-, Lager- und Reifezeit mit ganz bestimmten Temperaturen und hoher Luftfeuchtigkeit (zur detaillierten Informationen nutzen Sie bitte die im Anhang angegebene Literatur).

Flüssiges Lab, das es in der Apotheke oder Bioläden auch als Pulver oder Tabletten gibt, lässt sich für geringe Mengen Milch besser dosieren. Die Milchsäurebakterien schirmen die Milch gegen Außeninfektionen

Der für den baldigen Verzehr geeignete Frischkäse kann in einer Woche ohne große Umstände zubereitet werden:
In 1 Liter gefilterte, 28 °C warme Schafmilch werden 2 Tropfen Lab und 2 Esslöffel Buttermilch gegeben. Nach 18 bis 24 Stunden wird der eingedickte Bruch etwas zerkleinert, zum Abtropfen in ein Seihtuch oder feines Sieb gefüllt und nach ungefähr 6 Stunden in Förmchen gefüllt. Die kleinen Käseformen werden anschließend etwa 8 Tage zum Reifen gelagert.

Ein im Keller stehender Käseschrank begünstigt die Reifung und verhindert Fremdschimmelbildung. Er ist durch eine Tür mit Fliegengitter luftig abgeschlossen. Eine mit Wasser gefüllte Schale schützt vor dem Austrocknen.

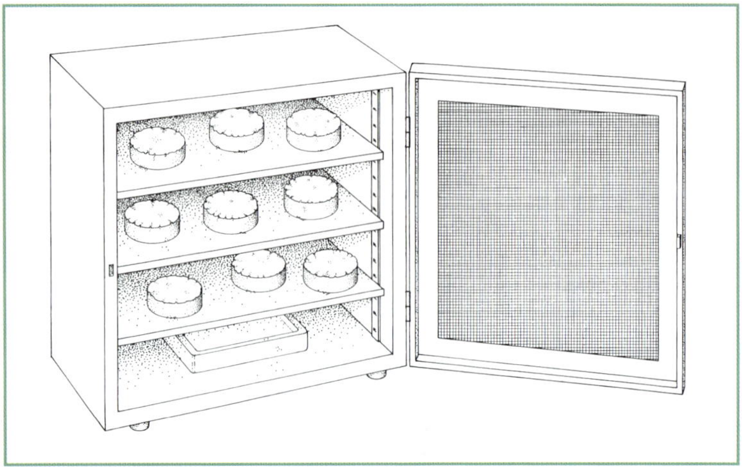

Der handwerkliche Umgang mit dem Spinnrad gehört zum Lehrplan der Freien Waldorfschule.

ab. Das größte Problem der Käsebereitung ist die Fremdschimmelbildung, die den Geschmack und die Reifung beeinträchtigen kann. Um dies zu verhindern, sollte der Käse während des Reifeprozesses nicht im Kühlschrank aufbewahrt, sondern im Keller in einem Schränkchen mit Borden und einer Fliegendraht-Tür gelagert werden. Eine leichte Beimpfung mit Camembertkultur schützt die „Reiflinge" ebenfalls. Auf Dauer nistet sich die Kultur so im Schränkchen ein, dass keine weiteren Impfungen mehr nötig sind. Der reife Käse kann bis zu zwei Wochen im Kühlschrank aufbewahrt werden.

Salzen oder würzen mit Knoblauch oder Kräutern bleibt Ihrem Geschmack überlassen. Kleine Käsebällchen können auch mit Gewürzen und Kräutern in Öl eingelegt werden.

Wolle

Wolle ist der beste und gesündeste Rohstoff, den es für unsere Bekleidung gibt. Isolierend, saugfähig und durchlässig schützt er vor Wärmeverlusten und vermeidet zugleich ungesunde Wärmestauungen. Das hautfreundliche Naturprodukt begünstigt die Hautatmung und lässt aufgenommene Feuchtigkeit verdunsten.

Wollstruktur. Das Vlies besteht aus relativ groben Oberhaaren (Grannen) und feineren Unterhaaren, der eigentlichen Wolle. Durch zielstrebige Selektion gelang es über Jahrhunderte, die Wolle nicht nur zu verdichten, zu verfeinern und zu verlängern, sondern auch den jahreszeitlichen Haarwechsel – das dünnere Sommerfell und den wärmeren Winterpelz – weitgehend auszuschalten. Mit der Züchtung feinster Wolle bis zu einem Feinheitsgrad unter 29 µm (Mikrometer; 1 µm = 1/1000 mm) verschwanden aber auch die langen Oberhaare, die vergleichbar mit dem Prinzip eines Strohdaches die Wolle vor Regen schützen.

Die Merinos, Träger feinster Wollqualität, sind durch eine vermehrte Wollfettbildung (Lanolin) vor Witterungseinflüssen geschützt. Dennoch sind sie witterungsabhängiger und empfindlicher mit hohen Ansprüchen an die Vliespflege. Landschafrassen haben zumeist wie die Heidschnucken und alle Bergschafrassen ihre ursprünglichen Vliesstrukturen erhalten und sind deshalb mit ihren langen Oberhaaren für eine ganzjährige Beweidung und Landschaftspflege bestens geeignet.

Qualität (Feinheitsgrad) der Wolle verschiedener Rassen

Rasse	Mikrometer	Verwendung
Merino Fleischschafe	23-29	Oberbekleidung, Sportstoffe, Strickwaren, Strümpfe und Socken, Handstrickgarne
Suffolk	26-28	
Merino Landschaf	27-29	
Blauköpfiges Fleischschaf	31-35	rustikale Handstrickgarne, Sportstoffe, gröbere Strickwesten, Trachtenwesten
Coburger Fuchsschaf	~ 32	
Rhönschaf	32-35	
Schwarzköpf. Fleischschaf	32-35	
Ostfriesisches Milchschaf	32-36	sehr rustikale Handstrickgarne, Teppiche
Bergschaf	34-36	
Texelschaf	34-36	
Heidschnucke	~ 40	Handweben oder Häkeln von rustikalen Teppichen
Scottish Blackface	~ 40	

Wollqualität. Je nach Feinheitsgrad reicht die Wollqualität von feinster Struktur für die Verarbeitung zu Kamm- und Streichgarnen bis zu groberer Beschaffenheit für die Herstellung von Teppichen, Wandbehängen oder Strickwaren. Den höchsten Feinheitsgrad hat die Wolle des Merino Fleischschafes. Wegen seiner seltenen Haltung (3,9 % des Gesamtbestandes) wird seine Wolle anderen Wollqualitäten beigemischt. Lediglich Heidschnuckenwolle ist wegen der fehlenden Kräuselung nicht zum Handspinnen geeignet, alle anderen Vliese lassen sich handverarbeiten.

Schur. Das Scheren überlassen Sie besser dem Fachmann, der die Schur schnell und präzise in wenigen Minuten erledigt. Bergschafe werden bereits im März geschoren, damit sie beim Auftrieb Ende Juni wieder einigermaßen in der Wolle sind. Doch üblicherweise wird nach den Eisheiligen geschoren. Die Winterschur nach der Aufstallung hat aber einige Vorteile:

→ Die Wolle verschmutzt nicht. Durch fallende Futterteilchen (ohne Nackenbrett), Einstreu und Kot kann die Wollqualität erheblich beeinträchtigt werden.
→ Die Wolle verschwitzt nicht. Zu hohe Stalltemperaturen bewirken dagegen ein Gelbwerden der Wolle, das nicht mehr zu beheben ist.
→ Bessere Kontrolle des Futterzustandes nach der Schur.
→ Leichtere Übersicht beim Ablammen.
→ Schafscherer haben in dieser Zeit noch kaum feste Termine.

Verkaufserlös. Die Preise sind seit Einführung der Kunstfaser in den Wollhandel abgestürzt und decken zum Teil nicht einmal die Schurkosten. Also behalten Sie am besten die Wolle, die Sie für den Eigengebrauch aufbereiten und verarbeiten können. Das Ergebnis: Wollsachen, die sich durch eine hohe Elastizität auszeichnen, für die ganze Familie von eigenen Schafen – selbst gesponnen, gefärbt, gestrickt und gewebt.

Felle

Da die Gerbkosten verhältnismäßig hoch sind, lohnt es sich nur, Rohfelle allerbester Qualität gerben zu lassen. Zur Sicherung bester Fellqualität ist folgendes zu beachten:

→ Qualität und Aussehen leiden durch verschmutzte Wolle. Vorsicht vor falschen Fütterungseinrichtungen! Das „Über-Kopf-Füttern" sollte vermieden werden.

→ Einfärbungen entstehen durch Urin und Kot unsauber gehaltener Tiere. Vergilbte Wolle lässt sich nicht mehr weißwaschen.
→ Wenn das Fell beim Schlachten fehlerhaft abgezogen wird, entstehen Löcher im Leder.
→ Wollausfall kann beim schwachen und ungenauem Einsalzen entstehen.

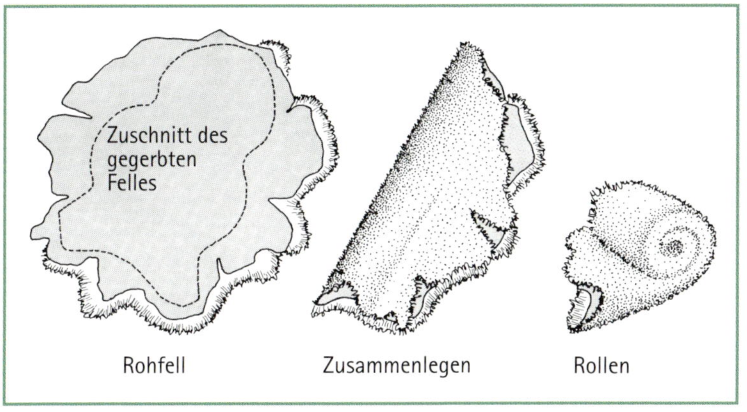

Bei der Konservierung mit Salz, bei der das Fell sachgerecht zusammengelegt und eingerollt wird, muss man darauf achten, dass die Fleischseite die Haarseite nicht berührt. Die minderwertigen Bauchteile werden für die Fellverwendung abgeschnitten.

Konservierung. Nach der Schlachtung muss das Fell, mit der Haarseite auf dem Boden liegend, mindestens eine Stunde abkühlen und abtrocknen können. Dann wird es auf der Fleischseite mit etwa 1 kg Salz eingerieben, auf der Innenseite zusammengelegt und aufgestapelt oder in dargestellter Weise zusammengerollt. Die auf diese Weise behandelten Felle können in einem kühlen, trockenen Raum etwa vier Monate aufbewahrt werden. Für eine längere Zeit müssten sie nach acht Tagen noch einmal sorgfältig nachgesalzen werden.

Verzeichnisse

Wichtige Anschriften und Internet-Adressen

DLG-Verlag, Eschborner Landstr. 122, 60489 Frankfurt. Internet: http://www.dlg-verlag.de

Die Deutsche Landwirtschafts-Gesellschaft (DLG) und das **Kuratorium für Technik und Bauwesen in der Landwirtschaft (KTBL)** bieten mit dem InfoService Tierproduktion (IST) einen Informationspool rund um das landwirtschaftliche Bauen. Internet: http://www.ist-netz.de

Auswertungs- und Informationsdienst für Ernährung, Landwirtschaft und Forsten (aid. e.V.), Friedrich-Ebert-Str. 3, 53177 Bonn, Tel.: 0228/8499-0, Fax: 0228/8499-177: Hier können Sie Broschüren zu den unterschiedlichsten Themen bestellen, u.a. zu Schaf- und Ziegenrassen. Internet: http://www.aid-online.de

Das Bundesministerium für Ernährung, Landwirtschaft und Forsten (BML) bietet das Deutsche Agrarinformationsnetz, Suchkatalog für Landwirtschaft, Ernährung, Forstwirtschaft im Internet: http://www.dainet.de

Hier finden sich auch Links auf die:

Zentralstelle für Agrardokumentation und -information (ZADI) und das **Informationszentrum für Genetische Ressourcen (IGR),** Villichgasse 17, 53177 Bonn, Tel.: 0228/9548-202/200, Fax: 0228/9548-220.

Gesellschaft zur Erhaltung alter und gefährdeter Haustierrassen e.V. (GEH), Antje Feldmann, Geschäftsstelle: Am Eschenbornrasen 11, 37213 Witzenhausen, Tel.: 05542/1864

Schafzuchtverbände

Deutschland

Vereinigung Deutscher Landesschafzuchtverbände e.V. (VDL), Godesberger Allee 142-148, 53175 Bonn, Tel.: 0228/375351

Landesschafzuchtverband Baden-Württemberg e.V., Heinrich-Baumann-Str. 1-3, 70190 Stuttgart, Tel.: 0711/1665504

Bayerische Herdbuch-Gesellschaft für Schafzucht e.V., Haydnstr. 11, 80336 München, Tel.: 089/536227

Schafzuchtverband Berlin-Brandenburg e.V., Lehniner Str. 3a, 14550 Groß Kreutz, Tel. und Fax: 033207/32573

Hessischer Schafzuchtverband e.V., Kölnische Str. 48-50, 34117 Kassel, Tel.: 0561/16984

Landesschafzuchtverband Mecklenburg-Vorpommern e.V., Gartenstr. 5, 18276 Gülzow, Tel.: 03843/685211

Landesschafzuchtverband Niedersachsen e.V., Johannssenstr. 10, 30159 Hannover, Tel.: 0511/329777

Vereinigung Rheinischer Schafzüchter und -halter e.V., Endenicher Allee 60, 53115 Bonn, Tel.: 0228/7031303

Landesverband der Schafhalter Rheinland-Pfalz e.V., Burgenlandstr. 7, 55543 Bad Kreuznach, Tel.: 0671/7930

Landesverband der Schafhalter im Saarland e.V., Lessingstr. 14, 66121 Saarbrücken, Tel.: 0681/6650529

Sächsischer Schaf- und Ziegenzuchtverband e.V., Lausicker Str. 26, 04668 Grimma, Tel.: 03437/942280

Landesschafzuchtverband Sachsen-Anhalt e.V., Angerstr. 6, 06118 Halle (Saale), Tel.: 0345/5214941

Landesverband Schleswig-Holsteinischer Schafzüchter e.V., Steenbeker Weg 151, 24106 Kiel, Tel.: 0431/332608

Landesverband Thüringer Schafzüchter e.V., Schwerborner Str. 29, 99087 Erfurt, Tel.: 0361/7498070

Landes-Schafzuchtverband Weser-Ems e.V., Mars-la-Tour-Str. 6, 26121 Oldenburg i.O., Tel.: 0441/82123

Vereinigung Westfälischer Herdbuchschafzüchter e.V., Bleichstr. 41, 33102 Paderborn, Tel.: 05251/1354-60

Zuchtverband für Ostpreußische Skudden u. Rauwollige Pommersche Landschafe e.V., Auf der Heide 3, 53343 Niederbachem, Tel.: 0228/343730

Schweiz

Schweizerischer Schafzuchtverband, Niederönz, Postfach, CH-3360 Herzogenbuchsee, Tel.: (0041) 62/9566868

Stiftung Pro Spezie Rara
Engelgasse 12A
CH–9000 St. Gallen

Österreich

Arbeitsgemeinschaft der Schafzuchtverbände Österreichs, Löwelstr. 12, A-1014 Wien. Tel.: (0043) 0222/53441307

Niederösterreichischer Landeszuchtverband für Schafe und Ziegen, Löwelstr. 12, A-1014 Wien, Tel.: (0043) 01/53448601-8604

Landesverband für Schafzucht und Schafhaltung Oberösterreichs, Auf der Gugl 3, A-4021 Linz, Tel.: (0043) 0732/6902-348

Salzburger Landesverband der Schafzüchter und Lämmererzeuger, Schwarzstr. 19, A-5024 Salzburg, Tel.: (0043) 0662/870571-257

Schafzuchtverband Burgenland, Esterhazystr. 15, A-7000 Eisenstadt, Tel.: (0043) 02682/702-85

Steirischer Schafzuchtverband, Pichlmayergasse 18, A-8700 Leoben, Tel.: (0043) 03842/25333-32

Landesschafzuchtverband Kärnten, Museumgasse 5, A-9020 Klagenfurt, Tel.: (0043) 0463/5850-507

Vorarlberger Schafzuchtverband, Montfortstr. 9-11, A - 6900 Bregenz, Tel.: (0043) 05574/42044

Wiener Landeszuchtverband für Schafe und Ziegen, Lainzer Str. 87, A-1130 Wien, Tel.: (0043) 0222/8765739

Landesschafzuchtverband für Tirol, Brixner Str. 1, A-6020 Innsbruck, Tel.: (0043) 0512/5929-247.

Züchter verschiedener Rassen

Blauköpfiges Fleischschaf
Georg Brecht, Almenweg 3, 64743 Beerfelden, Tel.: 06068/844

Coburger Fuchsschaf
Waltraud Werner, Windhof, 76889 Schweighofen, Tel.: 06342/7367

Graue Gehörnte Heidschnucke
Bernhard Martin, Weinstr. 24 A, 76835 Burrweiler, Tel.: 06345/2449

Kärntner Brillenschaf
Hannes Baudrexl, Hölzlweg 22a, 82467 Garmisch-Partenkirchen, Tel.: 08821/1515

Merino Landschaf
Hugo Popp, Haßlocher Str.13a, 67435 Lachen-Sp., Tel.: 06327/2805

Ostfriesisches Milchschaf
Rita Bullinger, Sandgasse 57, 67459 Böhl-Iggelheim, Tel.: 06324/7423

Pommersches Landschaf
Ralf Huber, Hauptstr. 12, 67482 Altdorf, Tel.: 06327/969229

Rhönschaf
Torsten Hormel, Hanse Lucke 7, 64395 Brensbach, Tel.: 06161/8481

Schwarzköpfiges Fleischschaf
Dr. Walter Maurer, Keltenhof, 66646 Marpingen, Tel.: 6853/5339

Scottish Blackface
Torsten Hormel, Hanse Lucke 7, 64395 Brensbach, Tel.: 06161/8481
Shropshire
Arno Schmitt, Westring 19a, 66954 Pirmasens, Tel.: 06331/94936
Skudde
Reiner Stürz, Schloßstr. 13, 64372 Ober-Ramstadt, Tel.: 06154/52977
Soayschaf
Manfred Kessler, Mossauer Str.17, 64756 Mossautal, Tel.: 06062/1537
Suffolk
Theo Trösch, Höhenstr. 10, 76889 Gleiszellen, Tel.: 06343/1388
Texelschaf
Bernhard Johns, Norderhaffdeich 2, 25849 Pellworm, Tel.: 04844/469
Tiroler Steinschaf
Frank Heldner, Mühlweg 6, 64711 Erbach-Ebersberg, Tel.: 06062/63764
Weiße Gehörnte Heidschnucke
Bernhard Martin, Weinstr. 24 A, 76835 Burrweiler, Tel.: 06345/2449
Weiße Hornlose Heidschnucke
Reiner Stürz, Schloßstr. 13, 64372 Ober-Ramstadt, Tel.: 06154/52977
Weißes Bergschaf
Karl Angermeier, Ballengasse 15, 82467 Garmisch-Patenkirchen, Tel.: 08821/59097

Zubehör, Geräte

Elektrozäune und -geräte
Allié Agrartechnik, 63897 Miltenberg, Tel.: 09371-97290
Dyke GmbH, Tier und Technik, 64753 Brombachtal, Tel.: 06063/5394
horizont argrartechnik gmbh, Pf.1329, 34497 Korbach, Tel.: 05631/585-0
Huck GmbH, Sächs. Netzwerke, 01809 Heidenau, Tel.: 03529/5607-0
Kluitmann Elektrozauntechnik, 47533 Kleve, Tel.: 02821/93948
Otto Macke, 37520 Osterode am Harz, Tel.: 05522/5615
Walter Olbrich, Farmland-Agrar, Hauptstraße 16, 37235 Hess. Lichtenau, Ortsteil Wickersrode, Tel.: 05602/1295, Fax: 05602/7297

Gerbereien
Heitmann-Felle, 29640 Schneverdingen, Tel.: 05193/3077
Theo Jüngst, 57250 Netphen (Eschenbach), Tel.: 02738/4733
E.A.Mattes, Neudinger Allee 99, 78532 Tuttlingen, Tel.: 07461/966140
Gerberei Trautwein, 77761 Schiltach, Tel.: 07836/ 93830
August Weiblen, 72336 Balingen, Tel.: 07433/36019

Heilkräuter-Futtermittel
Gebr. Schaette KG, Stahlstr. 5, 8839 Bad Waldsee, Tel.: 07524/4015-0

Lab und Kulturen
Biokosma GmbH, 78465 Konstanz, Tel.: 07533/9301-40
Bionic GmbH, 25899 Niebüll, Tel.: 04661/960220
R. Polatzek (auch Käsereibedarf), 97857 Urspringen, Tel.: 09396/9097900

Milchaustauscher (Lämmermilch)
Bergophor, Futtermittelfabrik, 95326 Kulmbach, Tel.: 09221/806-0
OMIRA, Milchverwertungs GmbH, 88214 Ravensburg, Tel.: 0751/887-0
SALVANA Tiernahrung GmbH, 2536 Elmshorn, Tel.: 04121/804-0
Schwarzwaldmilch GmbH, 77652 Offenburg, Tel.: 0781/808-0

Milchzentrifugen
(für den Haushalt)
HÄKA Apparatebau, 76297 Stutensee, Tel.: 07249/8501

Schafzuchtbedarf
Arndt, Fachversand für den Schäfer, Deisenweg 11, 88436 Oberessendorf, Tel.: 07355/7857
Jörg Bernhardt, Schafzuchtbedarf, 35753 Beilstein, Tel.: 02779/1032
Karl Schleicher, Schäfereiartikel, Lange Str.117, 89129 Langenau, Tel.: 07345/5218

Schurwollverarbeitung
Die Lebensgemeinschaft e.V., 36110 Schlitz-Sassen, Tel.: 06642/802134
Steppdeckenfabrik, I. d. Straußenwiesen 6-8, 36039 Fulda, Tel.: 0661/74445

Stalleinrichtungen
Köhler, 37688 Beverungen, Herstelle, Tel.: 05273/7352
Kronenberg, Landwehrstr. 4, 51709 Marienheide, Tel.: 02264/6256
Günter Plötner, 07629 Hermsdorf/Thür., Tel.: 036601/82786
Josef Koller, Schreinerei, 86701 Ballersdorf b. Neuburg, Tel.: 08431/1863

Webstühle und Spinnräder
Friedrich Traub KG, Schorndorfer Str.18, 73650 Winterbach, Tel.: 07181/7091-0

Wollhandel
M. Fricke, Burgstr. 19, 42551 Velbert, Tel.: 02051/250629
Hentrich, Mitteldorfstr. 7, 37083 Göttingen, Tel.: 0551/794033/792128

Interfell GmbH, Hauptstr. 37, 66636 Tholey-Hasborn, Tel.: 06853/6553
Friedrich Sturm GmbH, Bornkamp 2, 25364 Osterhorn, Tel.: 04127/9798-0
Thüringer Schafwollhandel H. Schöneck, 07768 Kahla, Tel.: 0171/8904893

Weiterführende Literatur

Deutsche Schafzucht. Verlag Eugen Ulmer, Stuttgart (erscheint 14-tägig)
DLG-Futterwerttabellen – Wiederkäuer. 7. Aufl., DLG-Verlag, Frankfurt 1997
Haring, Fritz: Schafzucht. 7. Aufl., Verlag Eugen Ulmer, Stuttgart 1984
Kühnemann, Helmut: Wir halten Nutztiere. Verlag Eugen Ulmer, Stuttgart 1988
Löhle, Klaus und Leucht, Wolfgang: Ziegen und Schafe. (Kennen & Pflegen). Verlag Eugen Ulmer, Stuttgart 1997
Nowak, Martin und Forkel, Gislinde: Wolle vom Schaf. Verlag Eugen Ulmer, Stuttgart 1989
Ottiger, Helmut und Reeb, Ursula: Gerben. Verlag Eugen Ulmer, Stuttgart 1991
Rieder, Hugo: Schafe halten. 4. Aufl., Verlag Eugen Ulmer, Stuttgart 1998
Sambraus, Hans Hinrich: Atlas der Nutztierrassen. 5., erw. Aufl., Verlag Eugen Ulmer, Stuttgart 1996
Sambraus, Hans Hinrich: Gefährdete Nutztierrassen. 2. Aufl., Verlag Eugen Ulmer, Stuttgart 1998
Schäfereikalender. Verlag Eugen Ulmer, Stuttgart (jährlich)
Scholz, Wolfgang: Käse aus Schaf- und Ziegenmilch. Verlag Eugen Ulmer, Stuttgart 1995
Spielberger, U. und Schaette, R.: Biologische Stallapotheke. Verlag Freies Geistesleben, Stuttgart o. Jahrgang
Weischet, Horst: Milchschafe halten. Verlag Eugen Ulmer, Stuttgart 1990
Winkelmann, Johannes: Schaf- und Ziegenkrankheiten. Verlag Eugen Ulmer, Stuttgart 1995.

Bildquellen

agrar-press, Dr. Wolfgang Schiffer, Bergisch-Gladbach: Seite 30, 50, 52, 64, 65.
Gerhard Bäuerle, Gärtringen: 3 (und 28/29 unten), 12 (und 90/91).
Peter Hensch, Rheinbach-Flerzheim: Freisteller Seite 55.
Juniors Bildarchiv, Senden: Seite 8, 21, 22, 36.
Reinhard-Tierfoto, Heiligkreuzsteinach-Eiterbach: Titelfotos (Umschlag und Rückseite), Seite 1, 5 (und 17), 10/11, 15 (2), 45, 51, 61, 68, 69, 73, 83.
Fridhelm Volk, Stuttgart: Freisteller Seite 84 und 87 unten.
Alle übrigen Fotos vom Autor.
Alle Zeichnungen vom Autor.

Glossar

Gekordelte Hörner:	gedrehte Hörner
Grummet, Öhmd:	zweiter Schnitt
Güst:	nicht milchgebend, trocken
Heuwerbung:	gebräuchlicher Ausdruck für Heugewinnung
Pigmentflecken:	in der Haut vorkommende Farbflecken
Rahmen:	Umfassung des Körperbaus
Ramsnase, ramsnasig:	mit gewölbtem Nasenrücken
Stiefel:	unterer Beinabschnitt der Tiere

Die Deutsche Bibliothek – CIP-Einheitsaufnahme

Kühnemann, Helmut:
Schafe / Helmut Kühnemann. – Stuttgart (Hohenheim) : Ulmer, 2000
(Ratgeber Nutztiere)
ISBN 3-8001-7480-4

Wollgrasweg 41, 70599 Stuttgart (Hohenheim)
E-Mail: info@ulmer.de
Internet: www.ulmer.de
Printed in Germany
Lektorat: Ute Rather, Carola Hils
Herstellung, Layout & DTP: Ulla Stammel
Druck und Bindung: Georg Appl, Wemding

Register

* verweisen auf Abbildungen